常備菜 ②

事先做好放冰箱保存
不論準備三餐
或帶便當
迅速上桌的
111 道美味料理

飛田和緒

賴郁婷　譯

前言

　　我在二〇一一年整理出版了《常備菜》一書，將自己常做的常備菜毫無保留地介紹給大家。而後在每天下廚的過程中，又持續不斷激發出更多常備菜食譜。

　　所謂常備菜，是事先做好、隨時都能吃的料理。可以直接吃，有些則需要加熱再吃，或是要吃之前先拌勻。不過基本上都是一些從冰箱取出就能馬上吃的料理。

　　這次所介紹的常備菜，除了可以迅速上菜之外，也包括一些隨著時間保存會變得更入味、更好吃的菜色。另外，也針對剛做好和保存後的不同風味做了說明。事實上，在這一次的食譜拍攝過程中，我事先為工作人員做好了兩天份的午餐，放在冰箱保存，中午就以這些常備菜配著剛炊好的白飯一起吃。當時工作人員品嘗後的感想和意見，也一併整理成筆記放入本書中。

　　另外，我也針對從小熟悉的味道和家人喜愛的口味，做了不一樣的新嘗試。這一回的常備菜料理，請各位一定要品嘗看看。

飛田和緒

目錄

專欄

本書注意事項
◎1杯＝200毫升，1大匙＝15毫升，
1小匙＝5毫升。
◎「高湯」使用昆布、柴魚片、小魚
乾等來製作。
◎食品中標示的橄欖油使用的是「初
榨橄欖油」等級。
◎材料標示都是方便製作的份量。
「○人份」標示是以「一次吃完是多少
人份」為標準，4～5人份就等於2～
3人份食用兩次的份量。

第 1 章

肉類

除了可作為主菜的常見常備菜，

如醃漬涼拌、咖哩肉醬、番茄肉醬、牛排等，

另外也有雞肉火腿、叉燒肉等

稍微費工的佳餚。

不僅下飯，也適合搭配麵包或麵類一起吃。

每天做便當，

更是少不了這些肉類常備菜，

是非常方便的實用料理。

只要有常備菜……

≫

（　　　晚餐　　　）

以咖哩肉醬（18頁）、醋漬火腿（13頁）

和奶油萵苣拌成沙拉。

再用水煮雞翅（12頁）的煮汁，

加點鹽和胡椒調味，做成湯品一起品嘗。

梅肉拌涮豬肉片

材料（4～5人份）

豬肉薄片（火鍋肉片）── 250克

萬能蔥※ ── 8根

紫洋蔥（或一般洋蔥）── 1/2顆

A | 鹹梅乾 ── 3顆
　 | 蠔油 ── 1小匙
　 | 汆燙豬肉的湯汁 ── 2大匙
　 | 酒（煮過酒精已揮發）── 1大匙

※譯註：蔥綠長、蔥白短的品種。

作法

1　萬能蔥切斜薄片，紫洋蔥切薄片，一起放入水中稍微浸泡後，撈起瀝乾水分。梅乾去籽後切碎。

2　鍋子煮沸熱水，快沸騰時轉小火。將豬肉片一片一片攤開，放入滾水中汆燙，一變色就立刻撈起，放在紙巾上瀝乾。趁熱將肉片放入大碗中，加入萬能蔥、紫洋蔥、調好的A一起拌勻。

酒精已揮發的酒

memo　放涼後放入容器中，冷藏約可保存3天。汆燙肉片時火力要轉到最小，維持滾水溫度約攝氏80度即可。可搭配白蘿蔔泥，作為晚餐配菜。無酒精的酒作法為，鍋子裡倒入1杯酒，開中火，沸騰後繼續加熱約5分鐘，煮至酒精揮發，份量約剩2/3便可熄火，放涼後倒入瓶中室溫保存。可事先做好一大罐，當成生食涼拌菜的醬汁等使用。

醬漬雞肉

材料（4 ～ 5 人份）
雞腿肉 —— 2 片（500 克）
A　醬油 2½ 大匙
　　酒（煮過酒精已揮發／參照左頁）
　　　—— 2 大匙
　　醋 —— 1 大匙
　　砂糖 —— 2 小匙

作法
1　將 A 放入容器中混合調勻備用。
2　雞肉清洗乾淨後擦乾，切除多餘脂肪，較厚的部位以刀子劃斜刀後將肉攤開，使整片雞腿肉厚度一致。
3　平底鍋空鍋加熱，將 2 以皮朝下的方式放入鍋中，中火乾煎約 5 分鐘。翻面後蓋上鍋蓋，再煎約 5 分鐘。煎好後立刻放入 1 中，冷藏醃漬一晚，偶爾取出翻面。

memo

冷藏約可保存 4 天。要吃的時候取出切成薄片，依照喜好淋上黃芥末醬，搭配青蔥或萬能蔥、薑等香辛料。料理前清洗雞肉可去除肉腥味，切除多餘脂肪也能讓肉的美味倍增。

雞肉鬆

材料（5～6人份）

雞絞肉 —— 500克

A 醬油 —— 2½大匙

砂糖、酒 —— 各2大匙

薑汁 —— 2小匙

作法

1　鍋子裡放入絞肉和A以中火拌炒，邊炒邊以筷子將絞肉撥散。沸騰後轉中小火，再繼續炒到收汁。

2　加入薑汁，再稍微混合拌炒均勻即完成。

memo 放涼後放入容器中，冷藏約可保存4天。可以和炒蛋搭配成雙色便當，或者再加上四季豆等綠色食材，就成了三色便當。用萵苣等綠葉生菜包著吃也很美味。

味噌炒絞肉

材料（4～5人份）
豬絞肉 ── 300克
茄子 ── 3根
青椒 ── 2顆
洋蔥 ── ½顆
大蒜、薑 ── 各1小瓣
A ┌ 味噌 ── 2～3大匙
　├ 砂糖 ── 1½大匙
　├ 酒 ── 1大匙
　└ 醬油 ── 少許
沙拉油 ── 1大匙

作法
1　茄子切除蒂頭，青椒切除蒂頭和籽囊，和洋蔥一起切成1.5公分塊狀。切好的茄子泡水約5分鐘。大蒜和薑切成細末。
2　平底鍋裡倒入沙拉油加熱，以中火依序拌炒瀝乾的茄子、洋蔥、絞肉、大蒜和薑、青椒。待全部食材都裹上油之後，倒入調好的A，均勻拌炒至收汁為止。

memo　放涼後放入容器中，冷藏約可保存4天。食譜中使用的是夏秋蔬菜，冬天可以改用牛蒡或蓮藕，切碎做成根莖蔬菜炒絞肉。只要利用大量當季蔬菜，隨時都能製作這道料理。

水煮雞翅

材料（3～4人份）
雞翅 —— 8支
青蔥的蔥綠部分 —— 1根份量

作法

1　雞翅清洗乾淨後擦乾水分，和青蔥、水2.4公升一起放入鍋中加熱。沸騰後撈除浮泡，轉小火煮約20分鐘。

2　熄火後直接整鍋放涼，之後再將青蔥撈除，雞翅和煮汁分開保存。

memo

將雞翅和煮汁分別放入不同容器中，冷藏皆可保存約3天。我們家習慣以水煮雞翅淋上油蔥醬一起吃。油蔥醬的作法是，青蔥10公分切成細末，和1/3小匙鹽、1大匙芝麻油、少許黑胡椒粗粒一同混合拌勻。除了拌油蔥醬以外，也可將雞翅去骨、剝下雞肉，加入麵類或沙拉、涼拌等料理中。煮汁能和蔬菜一起煮成湯，或是用來煮麵或火鍋等。

醋漬火腿

材料（4～5人份）
火腿（薄片）── 約20片（200克）
青蔥 ── 1根
彩椒（紅、黃、橘等各色甜椒混合／
或使用青椒）── 2顆
西芹（取莖和葉）── ½根
A ┌ 醋 ── 4大匙
　 │ 砂糖 ── 3大匙
　 │ 鹽 ── ⅓小匙
　 └ 胡椒 ── 少許

作法
1　青蔥切斜薄片，彩椒去除蒂頭和
籽囊後，縱切成細絲。西芹莖的部分
切成4公分細絲，葉子部分同樣也切
成絲。
2　將1和火腿放入大碗中混合，倒入
調好的A稍微拌勻，靜置30分鐘等待
入味。

memo

放入容器中，冷藏約可保存4天。火腿不需特定哪個部
位，用火腿碎片來做也可以。照片裡使用的是去骨火腿
（boneless ham），切成非常薄的薄片。可以挾在麵包中
做成三明治，或是和蔬菜拌成豐盛沙拉也行。

高湯雞肉丸子

材料（4 ～ 5 人份）
A ┌ 雞絞肉 ── 500 克
  │ 洋蔥 ── ½ 顆
  │ 酒、太白粉 ── 各 1 大匙
  │ 鹽 ── 1 小匙
  └ 胡椒 ── 少許
鹽、胡椒 ── 各 1 小匙

作法
1　洋蔥切細末，和 A 其餘的材料一起放入大碗中，以手混合揉拌至絞肉產生黏性。
2　鍋子裡放入 1 公升清水加熱，沸騰後轉小火，以兩支湯匙將 1 做成一口大小的丸子放入滾水中。待全部丸子都下鍋後，繼續煮 7 ～ 8 分鐘，最後以鹽和胡椒調味。

memo　放涼後連同煮汁一起放入容器中，冷藏約可保存 4 天。除了直接當成肉丸子湯品嘗之外，也能加入冬粉和其他蔬菜，做成豐盛湯品。或是將肉丸子撈出，以砂糖和醬油煮成紅燒丸子，當成便當菜。

照燒雞胗

材料（4～5人份）

雞胗——240克

A｛醬油——1½大匙
　砂糖、酒——各1大匙

B｛醬油、味醂（或蜂蜜）
　——各1小匙

作法

1　雞胗切除多餘脂肪後對切，切除較硬的部分，並在較厚的部位劃3～4刀。切好的雞胗放入A中均勻沾裹，冷藏醃漬一晚。

2　烤盤鋪上烘焙紙，擺上醃好的1，以預熱至攝氏180度的烤箱烤約10分鐘。烤好塗上事先調好的B，再繼續烤5分鐘。

memo

放涼後放入容器中，冷藏約可保存3天。可以直接吃，也能當成沙拉配料。雞胗通常都是兩個連在一起，因此要切對半，中間白色筋膜的部分有時較硬，若覺得礙口可以切除。

雞肉火腿

材料（7 ～ 8 人份）
雞胸肉 ── 2大片（700克）
鹽 ── 2小匙
砂糖 ── 1小匙
A ｜ 洋蔥（磨成泥）── 2小匙
　｜ 大蒜（磨成泥）── 1小瓣

(a)

(b)

(c)

作法

1　雞肉去皮後，在較厚的部位劃刀，從劃刀處斜切，將肉左右攤開，使整片雞肉厚度呈約2公分（a）。在雞肉兩面抹上鹽和砂糖，冷藏一晚備用。

2　將1擦乾表面水分，把A均勻塗抹在雞肉正面後，從一端將雞肉緊緊捲起（b）。捲好的雞肉以保鮮膜包緊，壓出多餘空氣，將兩端捲緊（c）後往內折，再以另一張保鮮膜包緊以避免鬆脫。另一片雞肉也同樣作法。

3　以厚底鍋煮沸大量滾水，放入2後蓋上鍋蓋，轉小火煮約10分鐘。熄火後繼續燜一個半小時，以餘溫將雞肉燜熟。

4　取出雞肉，連同保鮮膜直接放入冰水中冰鎮約15分鐘。經過瞬間冰鎮，肉質會變得緊縮而更好切。

memo

擦乾水分，以包著保鮮膜狀態直接放進夾鏈袋中，冷藏約可保存2天。可以什麼都不加，或者像照片中一樣，將新鮮百里香（1片雞肉放3 ～ 4枝）、巴西利或蒔蘿均勻擺在雞肉上捲起來。吃的時候切成適當大小，和紫洋蔥片、醃黃瓜等一起盛盤享用。也可配上芥末籽醬。

咖哩肉醬

材料（4～5人份）

綜合絞肉 —— 500克

洋蔥 —— 1顆

紅蘿蔔 —— 1小根

豌豆仁（冷凍）—— 1杯

A ┤ 大蒜、薑 —— 各1瓣
　　　小茴香籽 —— 1小匙

B ┤ 咖哩粉 —— 3大匙
　　　印度綜合香料（可省略）—— 1大匙
　　　醬油 —— 2小匙
　　　鹽 —— 1小匙
　　　胡椒 —— 少許

橄欖油 —— 2大匙

作法

1　洋蔥切成粗末，紅蘿蔔磨成泥。大蒜和薑切成細末。

2　鍋子裡放入橄欖油和A，以中小火拌炒出香氣後，加入洋蔥炒軟，接著放入絞肉和紅蘿蔔一起拌炒。

3　將肉炒熟、撥散後加入B炒勻，再將豌豆仁直接入鍋，一起拌炒約5分鐘即可。

小茴香籽／印度綜合香料

memo　放涼後放入容器中，冷藏約可保存2天。加了小茴香籽和印度綜合香料（garam masala）會讓咖哩充滿異國風味，如果沒有這兩樣香料，只用咖哩粉炒也很美味。

番茄肉醬

材料（4～5人份）
牛絞肉 —— 300克
洋蔥 —— 1顆
紅蘿蔔 —— 1根
青椒 —— 3顆
西芹（取莖和葉部分）—— 1/2根
蘑菇（新鮮）—— 6顆
大蒜 —— 1瓣
麵粉 —— 1½ 大匙
整顆番茄罐頭 —— 2罐（800克）
A ｜ 鹽 —— 1大匙
　 ｜ 胡椒 —— 少許
橄欖油 —— 2大匙

作法

1　蘿蔔去皮，青椒切除蒂頭和籽囊，兩者和洋蔥、西芹、蘑菇、大蒜一起切成細末。

2　鍋子裡放入橄欖油和大蒜，以中小火炒出香氣後，再依序加入洋蔥、芹菜莖、紅蘿蔔、絞肉、蘑菇、青椒拌炒。

3　絞肉炒散後，撒上麵粉，炒到粉粒全散。接著加入搗碎的整顆番茄，蓋上鍋蓋以小火煮約40分鐘。最後加入A調味，放入西芹葉再煮約10分鐘即完成。

memo　放涼後放入容器中，冷藏約可保存5天。可用來拌義大利麵，或是和乳酪一起放在麵包上去烤，做成披薩吐司。也能當成歐姆蛋或焗烤、熱狗的醬料。

烤肉風味牛排

材料（4～5人份）
牛排肉 —— 4片（400克）
鹽 —— 1½小匙
黑胡椒粗粒 —— 少許
大蒜（磨成泥）—— 1瓣
沙拉油 —— 少許

作法
1　牛肉要煎之前的30分鐘至1小時先從冷藏取出，退冰至室溫狀態。接著在肉的兩面撒上鹽和黑胡椒，並均勻抹上大蒜泥。
2　平底鍋放入沙拉油加熱，擺上牛肉，以中大火煎約4分鐘，上色後翻面，再煎約2分鐘。

memo
放涼後放入容器中，冷藏約可保存3天。可切斜薄片直接吃，或是擺在溫熱的白飯上，搭配山葵泥，淋上醬油，做成牛排蓋飯。也能加在三明治或沙拉裡一起品嘗。

番茄滷牛腱

材料（4～5人份）
整塊牛腱肉（或已經切好的肉塊）
　—— 500 克
鹽 —— 2 小匙
胡椒 —— 少許
A　白酒（或啤酒）—— 1 杯
　　月桂葉 —— 1 片
番茄 —— 3 顆
洋蔥 —— 1 顆
大蒜 —— 1 瓣

作法
1　牛肉切成 2～3 公分厚片，撒上鹽和胡椒，均勻裹上 A，冷藏一晚備用。番茄切塊，洋蔥切成 8 等份的半月狀，大蒜切薄片。
2　將牛肉退冰至室溫狀態，擦去表面水分，放入厚底鍋中以中火煎至兩面上色。接著加入洋蔥、大蒜、1 的醃醬、1 杯水，蓋上鍋蓋，以小火煮約 1 小時。
3　等到肉變軟之後，加入番茄，蓋上鍋蓋以中小火繼續煮約 20 分鐘，直到湯汁變濃稠。最後試味道，不足再以少許鹽和胡椒（份量外）調味。

memo　放涼後連同煮汁放入容器中，冷藏約可保存 4 天。配飯或麵包都很適合。這道料理的製作重點是要先將牛腱煮軟，之後再加入番茄一起燉煮。

叉燒肉

材料（7～8人份）

整塊豬肩胛肉（綁好棉線）
—— 400克2條

A ┌ 醬油 —— ⅓杯
  │ 砂糖 —— ¼杯
  │ 酒 —— 1杯
  │ 大蒜（拍碎）—— 3瓣
  └ 薑（連皮切成薄片）—— 2塊

沙拉油 —— 少許

作法

1 鍋子加熱沙拉油，放入豬肉，以中火將整塊肉煎至上色，並用紙巾擦去鍋中的豬油。

2 加入A和蓋過食材的水（約1½杯），蓋上鍋蓋，以中小火煮約40分鐘。熄火後直接靜置放涼，等待入味。

memo

連同煮汁一起放入容器中，冷藏約可保存1星期。吃的時候切薄片，配上奶油萵苣和蔥絲（白蔥絲）一起品嘗。煮汁可當成醬汁使用。從冰箱取出時，煮汁上會有一層白色油脂的結塊（豬油），用來炒菜或炒飯非常美味。

雞肝醬

材料（7 ~ 8人份）
雞肝 —— 500克
洋蔥 —— ½顆
大蒜 —— 1瓣
雪利酒（或白蘭地）—— 4大匙
A ┌ 黑橄欖（去籽）
　│ —— 10 ~ 15顆
　│ 鮮奶油 —— 2 ~ 3大匙
　│ 鹽 —— ⅓小匙
　└ 黑胡椒粗粒 少許
橄欖油 —— 2大匙

作法
1　雞肝以流動的清水清洗乾淨，切成一口大小，放入冰水中浸泡10分鐘後，切除血塊，擦乾水分。洋蔥和大蒜切成薄片。
2　平底鍋中放入橄欖油和大蒜，以中小火炒香，接著加入洋蔥炒軟，再將雞肝放入拌炒。待雞肝變色後，加入雪利酒煮沸，再加入淹過食材的水、鹽少許（份量外），煮到收汁便可熄火。
3　稍微放涼後，和A一起放入食物調理機中攪拌成滑順泥狀即可。

memo　放入容器中，冷藏約可保存3天。抹在棍子麵包上品嘗。雪利酒是葡萄酒和白蘭地混合熟成製成的酒。這道料理不能用帶有酸味的葡萄酒來做，而是要用熬煮後會釋放甜味的雪利酒或白蘭地，坊間都有販售小瓶包裝酒。

第 2 章

海鮮

海鮮的常備菜雖然保存期限大多較短，
但大部分都是以醬油做成重口味的調味，
或是燉煮到連骨頭都能吃的料理。
也有一些是透過油漬或油封的方式，
達到延長保存的作用。
有些則適合作為休假日或宵夜的下酒菜。
我先生尤其喜愛油漬牡蠣，
所以我總是會特地訂購北海道厚岸地區的牡蠣來製作。

只要有常備菜……
≫

(宵夜)

白飯上擺上切薄片的醬漬鮪魚（26頁），
上頭再點綴一些斜切的萬能蔥，
淋上醃醬，就是一碗迷你版的蓋飯。
再以味噌涼拌香味蔬菜（84頁）和小黃瓜塊
一起拌成配菜品嘗。

醬漬鮪魚

材料（4～5人份）

鮪魚生魚片 —— 2塊（400克）

A ｛ 醬油、酒

（煮過酒精已揮發／參照8頁）

—— 各2大匙

作法

1　將鮪魚的水分擦乾，放在砧板上、置於水槽中，以熱水來回澆淋魚肉，直到整塊魚肉變白為止。

2　將A放入容器中混合調勻後，將1放入醃漬約2小時，偶爾將魚肉翻面。

memo　冷藏約可保存2天。切薄片或適當塊狀直接吃，或沾著黃芥末醬或山葵品嘗。也可以和洋蔥和青蔥薄片、綠紫蘇、蘘荷等大量辛香菜一起拌成沙拉，或是稍微煎一下再吃也很美味。

芝麻味噌涼拌白肉魚

材料（4～5人份）

白肉魚生魚片（鯛魚等）

—— 1大塊（250克）

A ┃ 白芝麻粉、味噌、酒
　　（煮過酒精已揮發／參照8頁）
　　—— 各1大匙
　　白芝麻醬 —— 2小匙
　　砂糖 —— ½小匙
　　醬油 —— 少許

作法

1　白肉魚擦乾水分，斜刀切成魚片。

2　將A放入大碗中混合調勻，再將1放入拌勻。

memo　放入容器中，冷藏約可保存2天。這道料理同時用了芝麻粉和芝麻醬，味道更香醇。可以直接吃，或當成茶泡飯的配料是最美味的吃法。搭配青蔥或萬能蔥、綠紫蘇、山葵泥等香辛料一起吃也很好吃。

檸檬涼拌花枝

材料（4～5人份）
花枝 —— 小隻的4隻（500克）
檸檬 —— 薄片5～6片
平葉巴西利（或皺葉巴西利）—— 2枝
A ┌ 檸檬汁 —— 2大匙
　├ 薑（磨成泥）—— 1大匙
　└ 鹽 —— ⅓小匙

作法
1　檸檬去皮。平葉巴西利的莖切成
細末，葉子切碎。
2　花枝拔去內臟和腳，身體部位去
除硬鞘後清洗乾淨，剝去外皮，切
成寬2公分的短片狀。腳的部分兩
隻兩隻切開。
2　將2以滾水稍微氽燙後瀝乾，放
入大碗中，加入A拌勻。最後加入
1輕拌一下即可。

memo　放涼後放入容器中，冷藏約可保存3天。頭足類的海鮮種類不拘，方便購買就
好，例如真魷或槍烏賊（透抽）。如果想吃辣，加一點紅辣椒或塔巴斯科辣椒醬
（tabasco sauce）也很好吃。這道菜的重點是混合了檸檬和薑的味道。

章魚泡菜

材料（4～5人份）
清燙章魚腳 —— 2大隻（350克）
青蔥 —— 1根
韭菜 —— 6枝
大蒜、薑 —— 各1瓣
青辣椒 —— 2根
A 芝麻油 —— 2大匙
魚露 —— 1小匙

作法
1　青蔥切成斜薄片，韭菜切成4公分
長段。大蒜和薑切細末，青辣椒也切
成細末。以上全部材料放入大碗中，
加入A混合拌勻。
2　章魚切成一口大小的塊狀，放入1
中拌勻，冷藏一晚靜待入味。

memo

放入容器中，冷藏約可保存3天。這道菜只要先將蔥、韭菜、香味蔬菜等做成醃
醬，再拌入燙好的章魚就算完成。韭菜如果比較硬，可以切成細末再使用。蔬菜醃
漬一晚後會更入味，比剛做好時更好吃。我偶爾也會加入白菜泡菜，增加豐盛感。

鮭魚高麗菜千層漬

材料（4～5人份）
煙燻鮭魚 —— 6片（120克）
高麗菜 —— 2大片
鹽麴（71頁） —— 2小匙

作法
1　高麗菜切除硬梗後縱切對半，以滾水稍微汆燙後撈起瀝乾，放涼後擰乾水分。
2　取一個較深的容器，放入半片高麗菜，接著依序鋪上⅙份量的鹽麴、2片煙燻鮭魚、⅙份量的鹽麴。重複兩次順序後，最上面蓋上高麗菜。保鮮膜直接緊密封在食材上，壓上重物，冷藏醃漬一晚。

memo

冷藏約可保存4天。每次要吃多少就只切多少。壓重物的方法可以準備兩個同樣大小的容器，一個用來做千層漬，再將另一個容器疊在上方，如此就能確實壓，連角落都能密合。醃漬過程中會出汁，因此容器最好能預留深度，照片中的容器大小為16.5×10×高6公分。用白蘿蔔切成薄片取代高麗菜來製作，也同樣很美味。

醋醃鯖魚

材料（4 ～ 5 人份）

鯖魚（片好的整片魚肉／生魚片用）

　　—— 2 片（300 克）

鹽 —— 2 小匙

醋 —— 2 大匙

作法

1　整片鯖魚均勻抹上鹽，冷藏約 3 小時備用。

2　將醋淋在魚肉上，再繼續冷藏約 1 小時。取出後擦乾水分，放入容器中保存。

memo

冷藏約可保存 3 天。吃的時候先用刀子片除魚肚部位的刺，再用拔魚刺專用的小鑷子拔去魚背中間的刺，剝去魚皮，切成適當大小的魚塊。魚背中間的刺可用刀子在魚背上切 V 字形切除。依照喜好可沾黃芥末醬吃，或是稍微炙烤一下，或和白飯做成醋醃鯖魚壽司品嘗。

優格味噌醃魚

材料（4～5人份）
白肉魚切片（土魠魚、鯛魚、鱸魚等）
　── 4片
鹽 ── 2小撮
A　｜ 原味優格、味噌
　　｜　── 各4大匙

作法
1　將鹽均勻撒在魚肉上，靜置10分鐘後擦乾水分。
2　將A混合調勻，取 1/8 份量鋪在保鮮膜上，大小和魚肉一樣。擺上一片魚肉，再鋪上 1/8 份量的A（a），將保鮮膜緊緊包起來並壓出空氣（b）。剩餘的魚肉也是相同作法。完成後冷藏醃漬一晚。

（a）

（b）

memo

放進夾鏈密封袋中，冷藏約可保存3天。若要放更久，請冷凍保存。魚肉的選擇除了上述建議，也可以用日本櫛鯧或紅目鰱等。味噌加優格作為醃醬，不僅可以消除魚腥味，味噌的味道也會變得更溫潤。

乾煎
優格味噌
醃魚

材料與作法（2人份）

① 取2片醃魚，擦去表面上的味噌醃
醬，放入已經用少許沙拉油熱鍋的平
底鍋中，以中火煎至兩面上色後取出。

② 洋蔥1顆縱切對半，再橫切成1公
分寬的長段。放入同一個平底鍋中，
再將魚肉放在洋蔥上，蓋上鍋蓋，以
中小火燜煎約10分鐘。取1～2根青
龍辣椒（糯米椒）或獅子唐辛子※，劃
刀後也放入鍋中一起煎，煎好之後對
半斜切作為配菜。

※譯註：一種小青椒，口感比青椒甜，
前端有著像獅子嘴巴的外形而得名。
台灣不易買到，可以糯米椒代替。

油封鰹魚

材料（4～5人份）
鰹魚生魚片 —— 1大片（350克）
鹽 —— ½小匙
大蒜 —— 1瓣
紅辣椒 —— 2根
橄欖油 —— 約1杯

作法
1　鰹魚撒上少許鹽（份量外）醃漬約10分鐘後，擦乾水分，切成約1公分厚的魚片，均勻抹上鹽入味。大蒜切薄片，紅辣椒撕成兩半。
2　將魚片以不重疊的方式分散排放在平底鍋（或鍋子）中，接著撒上大蒜和紅辣椒，倒入橄欖油直到蓋過魚片，以小火煮12～13分鐘。熄火後直接放涼靜待入味。

memo　連同橄欖油一起放入容器中，冷藏約可保存2星期。冷藏後油會變成白色固狀，只要放在室溫下就會溶解。這道料理味道吃起來就像鮪魚罐頭。油封的油也很美味，可以用來做沙拉或義大利麵。也可像油封沙丁魚（37頁）一樣，改用不同的油和香辛料，享受不一樣的風味。

油漬牡蠣

材料（4～5杯）
去殼牡蠣（烹調用）── 500克
鹽 ── 1/2小匙
橄欖油 ── 約1杯

作法
1　牡蠣稍微清洗乾淨，撒上1小匙鹽（份量外），靜置約15分鐘。將牡蠣放在網篩上，放進水中以搖晃網篩的方式洗去牡蠣上的雜質，再以紙巾確實擦乾水分。
2　將擦乾的牡蠣放入鍋中（或平底鍋），蓋上鍋蓋，以中小火燜煮約3分鐘。接著掀開鍋蓋燒乾水分，撒上鹽拌勻。
3　將2放入容器中，倒入橄欖油約蓋過牡蠣，冷藏醃漬一晚。

memo　冷藏約可保存1星期。可以直接吃，或是搭配檸檬、柚子胡椒品嘗。食譜介紹的是簡便的作法，除此之外也可以加入洋蔥、大蒜、月桂葉或羅勒、百里香、巴西利等一起燜煮，再連同這些香辛料或香草一起醃漬、品嘗。

沙丁魚甘露煮

材料（4 ～ 5 人份）

沙丁魚 —— 小尾的 25 尾（500 克）

薑 —— 2 塊

A ⎧ 醬油 —— ½ 杯
　　 醋 —— ¼ 杯
　　 酒、水 —— 各 1 杯
　　 砂糖 —— 4 大匙

作法

1　沙丁魚切除頭、內臟、背鰭和腹鰭，以流動的清水清洗乾淨，擦乾水分。薑帶皮切成薄片。

2　把沙丁魚排放在鍋子中，放入薑片和 A 一起加熱。沸騰後轉小火，以紙巾蓋住魚，煮 1.5 ～ 2 小時，待煮汁收乾即完成。

memo　放涼後放入容器中，冷藏約可保存 2 星期。由於加了醋，所以連魚骨都能煮到軟化。這道料理比較重口味，可以配飯或做成茶泡飯，也可以當成下酒菜。

油封沙丁魚

材料（4 ～ 5人份）
沙丁魚（長度約10 ～ 13公分）
　—— 20尾（400克）
鹽 —— 1小匙
薑（帶皮）—— 4 ～ 5片薄片
沙拉油 —— 適量

作法
1　沙丁魚去除頭、內臟、背鰭和腹鰭，以流動的清水清洗乾淨，擦乾水分。撒上鹽靜置約20分鐘後，將水分擦乾。
2　將魚排放在鍋中，注意不要重疊。再放上薑片，倒入沙拉油約蓋過魚，以小火煮約30分鐘，熄火後直接放涼靜待入味。

memo　連同油一起放入容器中，確認魚完全浸泡在油當中，冷藏約可保存2星期。冷藏後油會變成白色固狀，只要放在室溫下就會溶解。可作為下酒菜，或是配飯、配麵包，或用來炒義大利麵。改用芝麻油或橄欖油製作，可以品嘗到不一樣的風味。薑也能換成大蒜、月桂葉或羅勒、百里香等香草。

熟鱈魚卵

材料（5～6人份）
鱈魚卵 ── 2大副（4條／240克）

作法
1　鱈魚卵每副以保鮮膜確實包緊，以微波爐（500瓦）加熱2分30秒至3分鐘。
2　稍微放涼後，將一副魚卵剁散，另一副切成1.5公分厚片。

memo　放涼後放入容器中，冷藏約可保存1星期。鱈魚卵煮到全熟會變硬，這時候只要用磨泥器就能輕鬆將魚卵剁散。可以用來沾裹飯糰、撒在便當的白飯上，或是做成明太子棍子麵包。切片的鱈魚卵則能當配菜，或是包進厚燒蛋裡。作法是以微波爐加熱，也可以用平底鍋煎，或是放在烤網上烤。

柚子醬煮櫻花蝦

材料（4 ～ 5 人份）
櫻花蝦（清燙或乾燥的）── 1 杯
A ｜ 柚子果醬 ── 2 ～ 3 大匙
｜ 醬油 ── 1 小匙
沙拉油 ── 4 大匙

作法
1 櫻花蝦和沙拉油放入小平底鍋（或鍋子）中，以中火油炸，再慢慢拉高溫度，直到櫻花蝦炸到酥脆便立刻起鍋，放在紙巾上瀝油。
2 小鍋中放入A，以中火煮至沸騰後熄火，加入1均勻沾裹。

清燙櫻花蝦

memo

放涼後放入容器中，冷藏約可保存1星期。如果用乾燥櫻花蝦來做，油的份量請減半。櫻花蝦裹上油之後，更容易沾附果醬和醬油的鹹甜味。也可以用柑橘果醬取代柚子果醬來做。作為茶點或配飯小菜都很適合。

醋拌小魚乾

材料（7～8人份）
小魚乾 —— 2杯
醋 —— ¾杯
酒（煮過酒精已揮發／參照8頁）
　—— 2大匙

作法
1　將所有材料放進大碗中，充分拌勻即完成。

memo　放入容器中，冷藏約可保存2星期。放在白飯上或蔬菜沙拉、番茄切片上，或直接當成小菜或拌麵，都很適合。因為想保留小魚乾的美味，於是發想出這道料理。小魚乾是我居住當地的特產，也是我家餐桌上每天都會出現的食材，因此我有時會用醋醃或油漬，或以佃煮的方式來料理。各位也可以依據小魚乾的鹹度，添加些許醬油或魚露來製作這道料理。

炸小魚乾

材料（7～8人份）
小魚乾 —— 2杯
沙拉油 —— ¼杯

作法
1　鍋子裡放入小魚乾和沙拉油，以中小火邊攪拌邊炸約10～15分鐘，直到小魚乾變酥脆。
2　鐵盤架上網篩，將1的小魚乾撈起瀝乾油，均勻撥散在網篩上放涼。

memo
將小魚乾放入容器中，淋上起鍋時瀝出來的油，冷藏約可保存2星期。炸好瀝乾油之後迅速冷卻，能保留小魚乾的酥脆口感。可以撒在沙拉上，或當成涼拌冷豆腐的提味，或是和炒飯一起炒等，肯定很快就會用完了。

第 3 章

蔬菜

光配蔬菜，同樣可以讓人不停不停地大口扒飯。

鹹炒、味噌拌炒、醬油醃漬等，

看似單純的鹹味和甜味，卻能相互交織包裹著蔬菜，

完成一道道最適合下飯的美味料理。

有些可以作為主菜，

有些當小菜或用來填塞便當的剩餘空間最適合不過了。

蔬菜常備菜的用處實在太豐富了，

不禁讓我愈來愈為之著迷。

只要有常備菜……

≫

（　　　　早餐　　　　）

三明治吐司簡單烤過，

夾上芥末籽醬拌蘆筍（49頁）、

醋漬甜椒（55頁），

以及豆渣馬鈴薯沙拉（44頁），做成三明治。

最後再配上一杯奶茶。

豆渣馬鈴薯沙拉

材料（4～5人份）
馬鈴薯 —— 4顆（400克）
洋蔥 —— ¼顆
青椒 —— 2顆
里肌火腿 —— 4片
豆渣 —— 150克
壽司醋（參照右頁）—— 4大匙
A ┌ 美乃滋 —— 4大匙
  └ 黑胡椒粗粒 —— 少許

作法
1　洋蔥切薄片。青椒去除蒂頭和籽囊，縱切成4等份，再橫切成細絲。火腿切對半後再切成細絲。
2　馬鈴薯去皮，切成一口大小，放入冷水中一起加熱氽燙。燙好倒掉滾水，在鍋中直接搗碎馬鈴薯，趁熱加入洋蔥混合拌勻。
3　稍微放涼後，加入豆渣和壽司醋混合均勻，最後再加入青椒、火腿、A拌勻。

memo

放涼後放入容器中，冷藏約可保存3天。馬鈴薯燙好後不經過乾炒、蒸發水氣的步驟，而是在還保留些許水分的狀態下直接搗碎，再加入豆渣。豆渣會吸收水分，就能使得馬鈴薯的滑潤口感恰到好處，不致於太乾。某一次，餐桌上同時擺著馬鈴薯和豆渣，我各自取了一些在小碟子中混合品嘗，突然就有了這道菜的靈感。把各種小菜混在一起，也是家常菜中常有的事呢。

豆渣

味噌馬鈴薯沙拉

材料（4 ～ 5 人份）
馬鈴薯 —— 4 顆（400 克）
鮪魚罐頭 —— 1 小罐（70 克）
玉米粒罐頭（瀝掉湯汁）—— 60 克
萬能蔥 —— 4 根
壽司醋（參照下方）—— 1 小匙
A ｛ 味噌、美乃滋
　　 —— 各 2 大匙

作法
1　馬鈴薯帶皮放入冷水中一起加熱，
汆燙至變軟、可用竹籤刺穿後便撈起。
趁熱剝去外皮，放入大碗中搗碎，並
加入壽司醋拌勻。萬能蔥切成寬 1 公分
的蔥末。
2　待馬鈴薯稍微放涼後，加入鮪魚（連
同罐頭裡的湯汁）、玉米粒、蔥末和 A，一
起拌勻。

壽司醋

memo

放涼後放入容器中，冷藏約可保存 3 天。鮪魚罐頭用油漬或水煮
的都行。壽司醋（約 1½ 杯份量）的作法是，醋和砂糖各 1 杯、
鹽 ½ 小匙，一起放入鍋中煮至沸騰、砂糖完全溶解即完成。放
涼後倒入瓶中，冷藏約可保存 1 個月。

紅蘿蔔炒蛋

材料（4 ～ 5 人份）
紅蘿蔔 —— 2 根（300 克）
豬午餐肉罐頭（「SPAM」）
　—— 約½罐（50 克）
蛋 —— 2 顆
鹽 —— ½ 小匙
沙拉油 —— 1 大匙

作法
1　紅蘿蔔去皮，和午餐肉一起切成長 3 公分、寬 0.5 公分的長條狀。蛋打散，加入 2 小匙砂糖和 1 小撮鹽（份量外）拌勻。
2　平底鍋加熱沙拉油，放入紅蘿蔔以中火拌炒，炒軟後再加入午餐肉和鹽拌炒均勻。
3　食材都炒熟後推到鍋邊，在空出來的地方倒入蛋液，迅速攪拌成炒蛋。最後將所有食材混合拌炒，蛋全熟後即完成。

memo　放涼後放入容器中，冷藏約可保存 3 天。紅蘿蔔炒蛋是沖繩地區的家常菜，有蔬果削片器備起料來會更方便，不過用一般刀子同樣也能完成。午餐肉改用鮪魚、火腿、香腸等口味較重的食材來做，就成了下飯的小菜。

醋溜紅蘿蔔馬鈴薯

材料（4～5人份）
紅蘿蔔 —— 1小根（120克）
馬鈴薯（May Queen品種）
　　—— 2顆（200克）

A ⎰ 醋 —— 4大匙
　⎱ 砂糖 —— 2大匙
　　 鹽 —— ½小匙

作法
1　紅蘿蔔和馬鈴薯去皮，以削片器削成薄片後切絲（盡量保留長度）。
2　分別將紅蘿蔔和馬鈴薯放到滾水中稍微汆燙。馬鈴薯撈起後瀝乾約5分鐘，確實去除水分。
3　將A放入大碗中混合調勻，再將2放入拌勻。

memo　　放涼後放入容器中，冷藏約可保存3天。最初是在素食料理中品嘗到醋溜馬鈴薯，一直念念不忘，於是自己也跟著做了這道菜。先用削皮器削成薄片再切絲，切出來的絲會帶有透明感，真的就像線一樣，視覺上和口感都會變得更好。

花生醬拌青花菜

材料（4～5人份）
青花菜 —— 1顆
A ┌ 奶油調味花生（切成粗粒）
　　　—— 一把（20克）
　　花生醬（微甜）—— 1大匙
　　薄口醬油※、酒
　　　（煮過酒精已揮發／參照8頁）
　└ —— 各1小匙

作法
1　青花菜切成小株，莖的部分削去粗皮後縱切對半，再切成2公分長段。以加了少許鹽（份量外）的滾水依序汆燙菜莖和青花菜，燙熟變軟後撈起放涼。
2　將A放入大碗中混合調勻，再將1放入拌勻。

※譯註：日本的薄口醬油是顏色淡、鹹度較高的醬油。

memo

放入容器中，冷藏約可保存3天。花生醬不只能用來抹吐司，我還經常拿來作為調味料，做芝麻涼拌菜或芝麻醬時加一點，味道會變得更香醇。這道菜除了用花生來做之外，也可以改用核桃。青花菜若是要做成涼拌，最好汆燙久一點，直到竹籤能刺穿為止，涼拌時會比較入味。

花生醬

芥末籽醬拌蘆筍

材料（4～5人份）

綠蘆筍 —— 10根（300克）

A ﹛ 芥末籽醬、高湯、橄欖油
　　　—— 各1大匙
　　　醬油 1小匙

作法

1　蘆筍尾端⅓處以刨刀去皮後，整根放入加了少許鹽（份量外）的滾水中汆燙。燙好後撈起放涼，縱切對半後再切成3～4等份的長段。

2　將A放入容器中混合調勻，再將1放入拌勻。

memo　冷藏約可保存3天。芥末籽醬和醬油調成的醬汁，非常適合用來涼拌燙青菜。芥末籽醬少了辛辣，多了溫潤的酸度，小孩子接受度也很高。除了蘆筍之外，也可以改用高麗菜、四季豆或油菜花等來做這道涼拌菜。

培根高麗菜卷

材料（4～5人份／12個）
高麗菜 ── 12片
培根（塊狀，切成長3公分、
　　寬1.5公分長條狀）
　　── 250克
大蒜（拍碎）── 1瓣
鹽 ── ½小匙

作法
1　高麗菜切除較硬的菜梗部分，以滾水稍微燙過後，瀝乾放涼。
2　將1的高麗菜分別攤開，每片菜葉上放上一條培根，從靠近身體的一邊捲起，左右兩邊往內摺，再整個往前捲緊。一共做成12個菜卷。
3　捲好的高麗菜卷接合處朝下緊密排放在鍋中，間隙處以菜梗和大蒜塞滿，倒入蓋過食材的水一起加熱。沸騰後轉小火，蓋上鍋蓋約煮30分鐘，最後以鹽調味，熄火後直接放涼待入味。

memo　連同煮汁放入容器中，冷藏約可保存4天。培根會釋放鹹度和甜味，高麗菜和菜梗也會釋出鮮甜湯汁，因此不需要再加高湯塊。

三杯醋拌清燙高麗菜和魚乾

材料（4 ～ 5 人份）
高麗菜 —— 3 大片
竹筴魚乾 —— 2 片
A ┌ 醋 —— 2 大匙
  │ 砂糖 —— 1 大匙
  │ 醬油 —— 1 小匙
  │ 薑（切成細絲）—— ½ 塊
  └ 蘘荷（切成細絲）—— 1 個

作法
1　高麗菜切成稍微大塊的一口大小，來回淋上滾水後瀝乾。淋上些許薄口醬油（份量外）後擰乾。
2　魚乾以烤網烤到兩面金黃，趁熱去除頭部、魚骨和魚皮，然後將魚肉剝成粗塊。
3　將A放入大碗中混合調勻，再將1放入充分拌勻，最後加入2輕拌一下。

memo

放涼後放入容器中，冷藏約可保存2天。除了竹筴魚之外，也能用梭子魚乾。魚乾的鹹度是這道菜的重點，所以魚肉不要剝得太碎，稍微大塊一點，和高麗菜一起拌著吃。

味噌炒茄子

材料（4～5人份）
茄子 —— 6根
A ｛ 味噌 —— 1½大匙
　　砂糖、酒 —— 各1大匙
芝麻油 —— 2大匙

作法
1　茄子切除蒂頭，長度切對半，再縱切成6等份，泡水約5分鐘。
2　平底鍋加熱芝麻油，將擦乾水分的1放入，以中火拌炒至變軟後，加入調好的A，炒到均勻裹上茄子。

memo　放涼後放入容器中，冷藏約可保存4天。我喜歡將味噌炒茄子做成帶點甜度的調味，很下飯。糖的用量可依據味噌的口味做調整。搭配大蒜或薑、綠紫蘇、蘘荷等香辛料添增香氣，又是另一種不同風味。

大蒜醬油漬炸茄子

材料（4 ～ 5 人份）
茄子 —— 6 根
鹽 —— ⅓ 小匙
青蔥 —— 1 根
A ｛大蒜醬油 —— 1½ 大匙
　　大蒜醬油裡的大蒜
　　（切成細末）—— 1 瓣
炸油 —— 適量

作法
1　茄子去除蒂頭，切成 1 公分塊狀，泡水約 5 分鐘。瀝乾水分後撒上鹽，再靜置約 3 分鐘。青蔥切粗末，放入容器中備用。
2　擦乾茄子的水分，放入高溫炸油（約攝氏 180 度）中炸到金黃，撈起後立刻放在青蔥上。
3　在 2 裡加入 A 拌勻，醃漬 30 分鐘以上。

大蒜醬油

memo

冷藏約可保存 4 天。配飯配麵都很適合，所以每到茄子產季，我一定會做這道料理。將炸好的茄子放到青蔥上，是為了去除蔥的辛辣並使青蔥變軟。大蒜醬油的作法是將幾瓣大蒜放入瓶中，倒入醬油，冷藏保存一星期左右便可使用，大約可保存 3 個月。

鹽燜青椒

材料（4～5人份）
青椒 —— 8小顆
鹽 —— ½小匙
沙拉油 —— 2小匙

作法
1　青椒整顆排放在厚底鍋中，撒上鹽，淋上沙拉油，蓋上鍋蓋以中小火加熱。
2　當鍋中傳出滋滋聲響時，不時稍微搖晃鍋子，再燜約7～8分鐘即可。

memo

放涼後放入容器中，冷藏約可保存3天。教我青椒可以整顆吃的人，是我娘家務農的母親。她告訴我，採收初期的青椒是最好吃的。個頭較小或剛採收的青椒籽比較少，口感較嫩，很適合整顆品嘗。這道料理除了直接吃以外，也可以撒點柴魚，或淋點醬油一起吃。也可以用獅子唐辛子或青龍辣椒來製作。

醋漬甜椒

材料（4 〜 5人份）

甜椒（紅、黃）—— 各3顆

A
橄欖油 —— 2大匙
白酒醋 —— 1大匙
鹽 —— ½小匙
大蒜（切成薄片）
—— 1大瓣

作法

1　將甜椒放在鋪有烘焙紙的烤盤上，放進預熱至攝氏250度的烤箱烤20 〜 25分鐘（或以直火架烤網來烤），直到外皮完全變黑。烤好取出放入紙袋中，開口往下摺封好，讓甜椒在袋中冷卻。

2　待甜椒稍微放涼後，剝去外層薄皮，去除蒂頭和籽囊，切成2 〜 3公分寬長條狀。

3　將A放入容器中混合均勻，再加入2拌勻，靜置約30分鐘等待入味。

memo

冷藏約可保存4天。甜椒烤好隨即放入紙袋中放涼，同時兼具蒸的作用，可以讓甜椒的外皮更容易剝除。烤溫和時間請自行依烤箱調整。可以直接吃，或是切薄片放在烤過的棍子麵包上一起吃。

醬煮南瓜

材料（4～5人份）
南瓜 —— ¼顆（500克）
A ⎰ 醬油 —— 1大匙
　 ⎱ 砂糖 —— ½大匙

作法
1　南瓜切除籽囊，削去部分外皮，切成一口大小，並將切角修圓（稍微削掉邊角）。
2　鍋子裡放入1、A和1杯水一起煮，沸騰後轉中小火，用烘焙紙（剪成圓形，中間剪開一個小洞）直接覆蓋在食材表面，煮約5～10分鐘，直到南瓜變軟、可以用竹籤刺穿為止。熄火後直接放涼靜待入味。

memo　放入容器中，冷藏約可保存3天。修去邊角可以保留完整形狀，防止食材在烹煮過程中碎掉。正因為是非常簡單的料理，所以製作上要更用心。修邊削下來的南瓜可以用來煮湯或當成味噌湯的配料。這道醬煮南瓜建議可以壓成泥後混合奶油乳酪，捏成圓形，作為孩子的點心。

南瓜番薯優格沙拉

材料（4 ～ 5 人份）
南瓜 —— ¼ 小顆（350 克）
番薯 —— 1 根（300 克）
紫洋蔥（或一般洋蔥）—— ¼ 顆
葡萄乾（稍微切碎）—— ½ 杯
A ┌ 原味優格 —— 3 大匙
　├ 美乃滋 —— 2 大匙
　├ 橄欖油 —— 1 大匙
　├ 鹽 —— 2 小撮
　└ 胡椒 —— 少許

作法
1　南瓜切除籽囊，和帶皮的番薯一起切成 1 公分塊狀。番薯切完泡水約 10 分鐘。紫洋蔥切成細末。
2　將南瓜和番薯各自放在耐熱盤中，封上保鮮膜微波加熱（500 瓦）約 5 分鐘，直到變軟、可以竹籤刺穿。接著放入大碗中，趁熱加進紫洋蔥混合拌勻。
3　稍微放涼後，加入葡萄乾和調好的 A 拌勻。

memo
放涼後放入容器中，冷藏約可保存 3 天。酸酸甜甜的葡萄乾是這道沙拉的提味，也可以改用水果乾或無花果。我先生不喜歡甜膩的南瓜和番薯，但這道沙拉只要再拌入一點點大蒜泥，他就會吃得很美味。

黃豆芽拌黃芥末醬油

材料（4〜5人份）
黃豆芽 —— 2袋（400克）
A ｜ 醬油 —— 2大匙
　　　醋、黃芥末醬
　　　—— 各2小匙

作法
1　黃豆芽摘除鬚根（有時間的話），放入加了少許鹽（份量外）的滾水中稍微汆燙，撈起散放在網篩上放涼，擰乾水分。放入大碗中，加入2小匙醬油（份量外）拌勻，靜置約5分鐘。
2　將A放入容器中混合調好，再將1輕輕擰乾放入拌勻，靜置約30分鐘等待入味。

memo　冷藏約可保存3天。食譜使用的是黃豆芽，也可以用一般豆芽來做。摘除鬚根雖然比較麻煩，但吃起來口感完全不同，請各位一定要試試看。調味之前先以醬油醃漬（日文稱為「醬洗」），食材會更入味。

涼拌豆芽菠菜

材料（4～5人份）

豆芽 —— 1袋（200克）

菠菜 —— 1把（200克）

A ┌ 鹽 —— 1小匙
　 │ 大蒜（磨成泥）—— 1小瓣
　 └ 芝麻油 —— 4小匙

作法

1　豆芽摘除鬚根（有時間的話），放入加了少許鹽（份量外）的滾水中稍微汆燙，撈起散放在網篩上放涼，擰乾水分。放入大碗中，加入1小匙醬油（份量外）拌勻，靜置約5分鐘。

2　以同一鍋滾水汆燙菠菜，燙好後倒掉滾水，放涼擰乾水分，切成4公分長段，以1小匙醬油（份量外）拌勻。

3　將1和2的水分輕輕擰乾，各自加入一半份量的A，以手拌勻即完成。

memo

放入容器中，冷藏約可保存3天。用手來拌涼拌菜，可以使食材均勻入味。豆芽和菠菜都各自先以醬油醃漬入味，多放幾天還是很美味。和荷包蛋一起放在白飯上，做成涼拌蓋飯，就是我們家最喜歡的一道料理。也可以依喜好撒點炒過的芝麻，或是拌著紅辣椒一起吃。

柚子胡椒煮菇

材料（4～5人份）
鴻喜菇 —— 1大盒（200克）
杏鮑菇 —— 1盒（2～3根）
新鮮香菇 —— 6朵
高湯 —— ½杯
A ｛ 柚子胡椒 —— 2～3小匙
　　鹽 —— 少許
沙拉油 —— 1大匙

作法
1　鴻喜菇切去根部，剝成小株。杏鮑菇橫切對半，再縱切成6等份。香菇去蒂，縱切成6～8等份。
2　平底鍋加熱沙拉油，放入1以中火拌炒。待菇類全裹上油後，加入高湯煮至收汁，最後再加入A煮滾即可。

memo
放涼後放入容器中，冷藏約可保存4天。菇類可以混合多種或只用單一種類來做。柚子胡椒本身就有鹹度，因此鹽的份量請試過味道後自行調整。可以搭配白蘿蔔泥，或是當成炊飯或義大利麵的配料使用。

香菇醬

材料（4～5人份）
金針菇 —— 1大袋（300克）
鴻喜菇 —— 1大盒（200克）
杏鮑菇 —— 1盒（2～3根）
新鮮香菇 —— 6朵
大蒜 —— 1大瓣
A｛ 鯷魚罐頭（魚片） —— 4～5片
　　鯷魚罐頭裡的油 —— 2大匙
B｛ 鹽 —— ½小匙
　　醬油 —— 1小匙
橄欖油 —— 3大匙

作法
1　所有菇類去蒂，和大蒜一起切成細末。
2　鍋子以中小火加熱橄欖油和蒜末，炒出香氣後加入菇類，轉中火拌炒。待菇類炒軟後加入A，炒到鯷魚化掉、所有食材都炒勻，最後加入B調味。

memo　放涼後放入容器中，冷藏約可保存1星期。使用兩種以上菇類來做，味道會比較香醇。可以抹在麵包或棍子麵包上，或和瀝乾乳清的優格、酸奶一起抹在蒸馬鈴薯上吃也很美味。因為加了醬油，所以意外地也很適合配飯。我女兒最喜歡的吃法是在剛炊好的白飯上鋪上滿滿一層鮮菇泥，再放上一顆溫泉蛋一起品嚐。

炒蓮藕

材料（4～5 人份）
蓮藕 —— 1 節（250 克）
酒 —— 1 大匙
鹽 —— ½ 小匙
沙拉油 —— 1 大匙

作法
1　蓮藕去皮，切成半月形薄片，較厚的部分切成 ¼ 圓片。泡水約 5 分鐘。
2　平底鍋加熱沙拉油，將 1 瀝乾放入鍋中，以中小火拌炒。待蓮藕吸收油之後，加入酒炒熟蓮藕，最後以鹽調味。

memo　放涼後放入容器中，冷藏約可保存 5 天。蓮藕的切法可依各人喜好，像食譜中切成薄片，吃起來口感比較軟嫩，切得較厚則口感較脆。口感最好的是切成長條狀後稍微敲碎。若是切成厚片或長條狀，加點水一起炒煮會比較快熟。

黑醋炒蓮藕牛蒡

材料（4 ～ 5 人份）

蓮藕 —— 1 節（250 克）

牛蒡 —— 1 根（150 克）

培根（塊狀／切成 0.5 公分長條狀）

　　 —— 70 克

A ⎰ 醬油 —— 1 大匙
　 ⎱ 鹽 —— ⅓ 小匙

黑醋 —— 2 大匙

作法

1　蓮藕去皮，牛蒡清洗乾淨後保留外皮，兩者各自切成滾刀塊，泡水約 5 分鐘。

2　空鍋熱鍋後，放入培根以中火拌炒，以紙巾擦去培根釋出的油脂。待培根炒至焦脆後，放入瀝乾的蓮藕和牛蒡稍微拌炒，再加入一杯水，蓋上鍋蓋以中小火燜煮約 20 分鐘。

3　蔬菜煮軟後，加入 A 煮到收汁，最後再加入黑醋拌勻。

memo　放涼後放入容器中，冷藏約可保存 5 天。每個季節的蓮藕和牛蒡煮熟的時間都不太一樣，食譜提供的時間僅供參考，真正的熟度以竹籤可刺穿為準，若還太硬，請再加水繼續燜煮。沒煮熟放涼後吃起來口感會比較硬，因此請特別留意熟度。

滷炸牛蒡

材料（4～5人份）
牛蒡 —— 細的2根（200克）
A ⎰ 水 —— 1杯
　⎱ 砂糖 —— 1½大匙
B ⎰ 醬油 —— 1大匙
　⎱ 味醂 —— 1小匙
炸油 —— 適量

作法
1　牛蒡清洗乾淨，不削皮直接切成2公分長段，泡水約5分鐘。
2　將1瀝乾水分，以中溫（約攝氏170度）油炸約3～4分鐘後撈起，瀝乾油。
3　將2和A放入鍋中，以中小火煮約20分鐘，直到牛蒡變軟、竹籤可刺穿。最後加入B煮到收汁。

memo　放涼後放入容器中，冷藏約可保存5天。和「黑醋炒蓮藕牛蒡」（63頁）作法一樣，時間到如果牛蒡還沒熟，請再加水或熱水繼續煮。煮熟的牛蒡會釋放甜味，非常好吃。滷之前多一道炸的步驟，牛蒡吃起來會更有味道。

油煮根莖菜

材料（4～5人份）
小芋頭 —— 6顆（300克）
牛蒡 —— 細的1根（100克）
蓮藕 —— ⅓節（80克）
炸油 —— 適量

作法
1　芋頭去皮，以紙巾擦去表面的黏液。牛蒡清洗乾淨，帶皮切成5公分長段。蓮藕去皮，縱切成4等份。切好的牛蒡和蓮藕分別泡水約5分鐘。
2　鍋子裡放入芋頭、擦乾水分的牛蒡和蓮藕，倒入約蓋過食材的炸油，以小火煮20～25分鐘，直到竹籤可刺穿。熄火後瀝乾油即完成。

memo
放涼後放入容器中，冷藏約可保存3天。以原味的方式直接保存，吃的時候再依喜好調味，例如拌入蔥末、柴魚片和醬油，或是搭配鹽和柚子胡椒品嘗。用炸過東西的油來做，最後的成品味道會更香醇。如果是用新油，最後剩下的油要盡早用完，可用來調醬汁或炒菜等。

滷蘿蔔

材料（4 ～ 5 人份）
白蘿蔔 ── ⅔ 根（700克）
高湯 ── 2杯
A ﹛ 醬油、味醂
　　 ── 各2大匙

作法
1　白蘿蔔切成3公分厚片，去皮後再縱切成4等份。
2　鍋子裡放入1和高湯一起加熱，沸騰後加入A，轉中小火，用烘焙紙（剪成圓形，中間剪開一個洞）直接覆蓋在食材上，煮15 ～ 20分鐘，直到蘿蔔軟至可以竹籤刺穿。熄火後直接放涼靜待入味。

memo　連同煮汁一起放入容器中，冷藏約可保存4天。這道滷蘿蔔沒有先經過汆燙步驟，而是直接和調味料及高湯滷至醬色，味道非常單純。最好滷到連蘿蔔芯都軟透，因此食譜中的時間僅供參考，請自行調整、滷到熟透為止。

醬漬蘿蔔

材料（4～5人份）
白蘿蔔 —— 8公分（400克）
鹽 —— ½小匙
A ｛ 醬油 —— 2大匙
醋、砂糖 —— 各1大匙
花椒 —— 1～2小匙

作法
1　白蘿蔔去皮，切成長4公分、寬1公分長條狀。撒上鹽靜置約10分鐘，稍微清洗後擦乾水分。
2　將A放入容器中混合調勻，加入1醃漬約1小時，過程中偶爾翻拌。

memo

冷藏約可保存4天。花椒是一種有獨特香氣和辣味的香辛料，用在麻婆豆腐中而廣為人知，近來在日本超市也能輕易買到。這道菜除了白蘿蔔以外，用紅蘿蔔來做也很好吃，或是白蘿蔔和紅蘿蔔一起用也可以。

花椒

奶油燉蕪菁

材料（3 ~ 4 人份）
蕪菁 —— 7 小顆
奶油 —— 25 克
鹽 —— ½ 小匙

作法
1 蕪菁去皮，對半縱切。
2 將 1 放入鍋中，盡量不要重疊。加入奶油和快蓋過食材的水一起加熱，沸騰後轉中小火，蓋上鍋蓋煮約 15 分鐘。等到煮軟後以鹽調味，熄火直接放涼靜待入味。

memo　連同煮汁一起放入容器中，冷藏約可保存 3 天。做過奶油燉紅蘿蔔之後，我又嘗試用奶油燉煮各種蔬菜，目前最喜歡的就是蕪菁了。這是每天準備便當菜的過程中發想出來的食譜。每天做便當真的會激發創意呢。蔬菜本身在燉煮過程中也會出水，所以只要再加少量的水就可以了。如果一開始就放入快滿出來的水，最後味道會變得比較淡而無法入味，這一點請留意。

蕪菁葉炒梅子小魚乾

材料（4～5人份）
蕪菁葉
　── 3～4顆蕪菁的份量（200克）
鹹梅乾 ── 2顆
小魚乾 ── 1小撮（30克）
醬油 ── ½小匙
沙拉油 ── 2小匙

作法
1　蕪菁葉切除較硬的葉子尾端部分，
莖的部分切成寬1公分的小段。梅乾
去除種籽後切碎。
2　深平底鍋（或鍋子）加熱沙拉油，放
入蕪菁葉以中火拌炒。炒軟後加入梅
乾和小魚乾，拌炒至所有食材均勻裹
上油，最後以醬油調味。

memo　放涼後放入容器中，冷藏約可保存5天。蕪菁葉的尾端纖維較粗硬，因此切除不
用，只取莖的部分。這道菜春夏可以用蕪菁葉，秋冬則改用白蘿蔔葉，是一整年都
能做的常備菜。

青菜油豆皮煮浸小菜

材料（3 ～ 4 人份）
青菜（小松菜等）—— 1 把（350 克）
油豆皮 —— 1 片
高湯 —— 1 杯
A ｛ 鹽、薄口醬油
　　 —— 各½ 小匙

作法
1　青菜切成 4 公分長段，油豆皮切成 1 公分寬。
2　鍋子裡放入高湯和油豆皮加熱，沸騰後加入青菜和 A，轉中小火再煮約 5 分鐘，熄火後直接放涼靜待入味。

memo　連同煮汁放入容器中，冷藏約可保存 3 天。油豆皮可直接使用，不需要汆燙去油。青菜可以換成菠菜、青江菜、高麗菜、萵苣、水菜、大白菜、韭菜等，享受不同風味。除了油豆皮之外，也可以用油豆腐或竹輪、甜不辣等來做。可當成烏龍湯麵的配料品嘗。

鹽麴蒸青菜

材料（3 ～ 4 人份）
青菜（小松菜等）── 1 把（350 克）
鹽麴 ── 1 小匙

作法
1　青菜切成 4 公分長段，放入平底
鍋（或鍋子）中，上面鋪上鹽麴，蓋上
鍋蓋以中火加熱。沸騰後再蒸 3 ～ 4
分鐘，最後稍微拌勻即可。

鹽麴

memo　放涼後放入容器中，冷藏約可保存 3 天。我家便當的青菜經
常都是用鹽麴清蒸的方式來料理，事實上，我不久前才利用
釀味噌剩餘的米麴，第一次嘗試自己做鹽麴。這也算是搭上
晚了一步的鹽麴風潮。

優格漬山藥

材料（4～5人份）

山藥 —— 15公分（250克）

A ｛ 原味優格 —— 4大匙
薄口醬油 —— 1大匙
鹽 —— 1小匙

作法

1　山藥去皮，切成1.5公分厚的圓片，較厚的地方切成半月形。

2　將1放入容器中，加入調好的A拌勻，醃漬2～3小時。

memo　冷藏約可保存5天。剛拌好時嘗起來的口感黏滑帶有乳香，但經過醃漬、鹽分吸收之後，山藥會釋出水分，吃起來口感比較清爽，味道也會因為優格的酸而顯得爽口。也可以嘗試用小黃瓜、紅蘿蔔、白蘿蔔或蕪菁來做。

節婆婆的醬菜（昆布醃大白菜）

材料（5 ～ 6 人份）
大白菜 —— ¼ 顆
昆布 —— 5 × 10 公分（5克）
A ｛ 薄口醬油 —— 8 大匙
　 醋、砂糖 —— 各 4 大匙

作法
1　將 A 放入鍋中煮至沸騰，待砂糖完全溶解後熄火放涼。
2　大白菜切成長 5 公分、寬 1.5 公分長段。昆布以廚房剪刀剪成細絲。
3　將 1 和 2 放入容器（或塑膠袋）中輕輕拌勻，上頭壓上較輕的重物（如盤子等），醃漬一晚。若是使用塑膠袋，要確實將空氣擠出並綁緊袋口。

memo

冷藏約可保存 5 天。本書的設計師久保原小姐，她的姑姑是醬菜名人，所以這幾年我都親自跑到信州松本，她姑姑的家中去學醃醬菜。這道醬菜是根據她教我的食譜變化而來的料理，所以就以她的名字取名為「節婆婆的醬菜」。有了這道醃醬，就能盡情品嘗以各種當季蔬菜做成的醬菜，例如小松菜、高麗菜、小黃瓜、水菜等。調味料的份量請依據蔬菜的含水量做調整，可以先醃好試一下味道，不夠再加。

醋漬青蔥

材料（4～5人份）
青蔥 —— 3根
A ┌ 檸檬汁 —— ½顆*
  │ 橄欖油 —— 2～3大匙
  └ 鹽 —— 1小匙

＊或改用2大匙白酒醋。

作法
1　青蔥切成5公分長段，以滾水燙軟。
2　將A放入容器中混合拌勻，加入尚有餘溫的1，醃漬約15分鐘等待入味，過程中不時稍微翻動青蔥。

memo　放涼後放入容器中，冷藏約可保存3天。每當家中院子裡的檸檬樹大豐收時，我就會以檸檬輕漬的方式來醃漬各種蔬菜，其中我特別喜愛檸檬與青蔥搭配出來的味道。改用不同酸味的醃醬，例如柑橘汁、醋或葡萄酒醋等，會產生令人驚喜的不同風味。

↓ 西式泡菜

材料（5～6人份）
白花椰菜 —— 1小顆（300克）
迷你紅蘿蔔 —— 12根（100克）
A ┌ 白酒醋、水 —— 各1杯
　│ 砂糖 —— 4大匙
　│ 鹽 —— 將近1大匙
　┤ 大蒜（切成薄片）—— 1瓣
　│ 紅辣椒 —— 2根
　│ 月桂葉 —— 1片
　└ 黑胡椒粒 —— ½小匙

作法
1　將A放入鍋中煮滾，待砂糖完全溶解後熄火放涼。
2　白花椰菜切成小株，和大蒜一起以滾水稍微汆燙。放涼後放入容器中，倒入1醃漬一晚。

memo　冷藏約可保存1星期。醃醬中有加水，所以必須確實煮過沸騰，並盡早吃完。也可用小黃瓜、西芹、蕪菁、甜椒等來做。

↑ 日式泡菜

材料（5～6人份）
蘘荷 —— 15個
嫩薑 —— 150克
A ┌ 醋 —— ½杯
　┤ 砂糖 —— ¼～⅓杯
　└ 鹽 —— ¼小匙

作法
1　蘘荷對半縱切。嫩薑以削片器順著纖維削成薄片。兩者一起以滾水稍微汆燙後放涼。
2　將1的水分輕輕擰乾，放入容器中，倒入調好的A醃漬一晚。

memo　冷藏約可保存2個月。這個食譜可保留嫩薑的辛辣，若想去除辛辣味就汆燙久一點，撈起後泡在水裡。這道泡菜無論直接吃或是和肉類一起炒都很美味。

炒西芹

材料（4～5人份）
西芹 —— 3根
香菜 —— 1株
鹽 —— ½小匙
沙拉油 —— 1大匙

作法
1　西芹去粗絲，切成5公分長段後切薄片。香菜切碎。
2　平底鍋加熱沙拉油，放入西芹，以中小火炒至變軟，加鹽調味，最後加入香菜稍微拌炒即完成。

※譯註：「金平」是種日式料理手法，一般用來烹煮根莖類蔬菜如地瓜、牛蒡、胡蘿蔔等，先切成細條狀，再用醬油、糖、味醂等拌炒。

memo　放涼後放入容器中，冷藏約可保存4天。西芹和香菜雖然都是味道比較重的蔬菜，但搭配在一起非常好吃，會讓人一吃著迷。這道菜是我女兒會要求想再吃的十大便當菜之一。我幾乎每天都會做金平料理※，因此會嘗試用各種蔬菜變化不一樣的組合和風味。

高湯煮冬瓜

材料（4〜5人份）
冬瓜 ── 1/4顆
　（去除皮和籽囊後實重500克）
汆燙雞翅的湯汁（12頁）
　── 2½杯
A〔鹽、魚露 ── 各1小匙

作法
1　冬瓜去除籽囊，切成較大的一口大小後再去皮。
2　鍋子裡放入1和汆燙雞翅的湯汁一起煮，沸騰後轉中小火，蓋上鍋蓋煮約15〜20分鐘，直到冬瓜可以竹籤刺穿。加入A再稍微煮一下便可熄火，直接放涼靜待入味。

memo　連同煮汁一起放入容器中，冷藏約可保存3天。如果沒有汆燙雞翅的湯汁，也可以用水加一點雞骨高湯粉來做。這道菜可以冷吃，也可以加熱再吃，或是將冬瓜拿來煮味噌湯也很美味。

涼拌辛香毛豆

材料（4～5人份）

毛豆 —— 1袋（300克）

鹽 —— 1大匙

A ┌ 青蔥（切成細末）—— 10公分
　├ 大蒜、薑（全切成細末）
　│ —— 各1小瓣
　├ 紅辣椒（切成細末）—— 1根
　└ 醬油、芝麻油 —— 各1大匙

作法

1　將A放入容器中混合拌勻。

2　毛豆以廚房剪刀稍微剪去兩端，撒上鹽，以滾水汆燙至變軟後撈起。趁熱放入1中拌勻，靜置30分鐘等待入味。

memo

冷藏約可保存4天。某一次，我將冰箱中剩餘的清燙毛豆和香辛料一起拌來吃，突然發現「好好吃！」於是發想出這個食譜。所以，雖然這裡是從汆燙毛豆的步驟開始介紹，但各位如果家裡剛好有剩餘毛豆，請一定要嘗試這道小菜。我們家每到毛豆的季節，總會一次大量汆燙，有的直接吃，有的就用來拌香辛料，接連幾天全是毛豆大餐。

榨菜拌毛豆

材料（4 ～ 5 人份）
毛豆 —— 1 袋（300 克）
鹽 —— 1 大匙
調味榨菜（瓶裝）
—— ½ 瓶（50 克）
辣油 —— 少許

作法
1　毛豆均勻撒上鹽，以滾水汆燙至變
軟後撈起，稍微放涼後剪開豆莢，取
出豆仁。榨菜切成細末。
2　將 1 和辣油放入大碗中拌勻。

memo　放涼後放入容器中，冷藏約可保存 3 天。剛燙好的毛豆雖然很好吃，但放涼的毛豆
也有不同的美味吃法，所以我總是會一次汆燙大量毛豆。先品嘗清燙毛豆，隔天再
剪開豆莢、取出豆仁，用來做沙拉或煮湯、拌飯。而每次一定會做的，就是這道榨
菜拌毛豆。也可以用芥菜或野澤菜、醃蘿蔔等各種醬菜來做。

檸檬醃番茄

材料（4～5人份）
小番茄 —— 14顆
A　檸檬汁 —— 1大匙
　　鹽 —— 2小匙
　　水 —— 2杯
　　檸檬（無蠟）—— 5片薄片

作法
1　番茄去蒂，在另一頭輕輕劃十字刀，放入滾水中汆燙，當皮開始縮捲便撈起放入冷水中，剝去外皮。
2　將A放入容器中混合調勻，加入1，冷藏醃漬一晚。

memo

冷藏約可保存2天。自從愛上醃番茄之後，我不再把汆燙番茄去皮視為苦差事。一開始先嘗試用高湯醃漬，後來也試過用沾麵醬和雞高湯。用檸檬醃出來的番茄，味道十分清爽，我女兒甚至都拿來當零嘴吃。檸檬也可以先去皮再醃。

油漬番茄乾

材料（4 ～ 5 人份）
小番茄（紅、黃等依喜好） —— 3 盒
鹽 —— 適量
橄欖油 —— 約 1 杯

作法
1　小番茄去蒂，對半橫切，用湯匙挖出番茄籽。番茄切口朝上擺在網篩上，輕輕撒上鹽，放置陽光下曝曬約半大。
2　曬到番茄切口處變皺之後，放入容器中，倒入蓋過食材的橄欖油。

memo

冷藏約可保存 1 星期。保存時間視番茄乾燥程度而定，最好盡早吃完。泡漬的油也可用來調醬料或炒義大利麵。吃的時候在番茄上撒點現磨的帕瑪森乳酪和黑胡椒粗粒。剛曬好的番茄乾帶有甜度，非常好吃，用來油漬之前別忘了先偷吃看看喔。

淡煮豌豆和蠶豆

材料（4～5人份）
豌豆（豆仁）── 1杯
蠶豆（豆莢）── 10根
A ┌ 高湯 ── 1½杯
　 ├ 鹽 ── ½小匙
　 └ 薄口醬油 ── 少許

作法
1　豌豆仁以滾水汆燙約4分鐘，撈起放涼。蠶豆剝去豆莢，在每顆豆子的薄膜上劃刀，放入滾水中汆燙約1分鐘後撈起，放涼後剝去薄膜。
2　鍋子裡放入A煮滾，加入瀝乾的豌豆和蠶豆後熄火，直接放涼靜待入味。

memo　連同煮汁放入容器中，冷藏約可保存2～3天。用顏色較淡的薄口醬油來做，以保留豆子的青綠色。可以直接吃，或是連同煮汁一起用果汁機或食物調理機攪拌，做成蔬菜濃湯。

中式風味炒筍

材料（4～5人份）

清燙筍子 —— 2根（300克）

木耳（乾燥）

　　—— 6～7朵（泡發後50克）

A ┤ 大蒜醬油（53頁）—— 2大匙
　　 蠔油 —— 2小匙
　　 砂糖 —— 1小匙

沙拉油 —— 1大匙

作法

1　筍子對半橫切，再直切對半，切成薄片。木耳泡水約20分鐘，泡發後切除較硬的根部，切成細絲。

2　平底鍋加熱沙拉油，放入筍子以中火拌炒，待所有筍子都裹上油之後，放入木耳和A，以中小火炒到收汁。

memo　放涼後放入容器中，冷藏約可保存5天。剛炒好的也很好吃，但放一、兩天後筍子會更入味，建議多放幾天再品嘗。近來市面上也有許多日本當地的木耳，肉質較厚，大家不妨嘗試看看。

用香味蔬菜
做少量
常備菜

味噌涼拌香味蔬菜

材料（4～5人份）
獅子唐辛子 —— 6根
青蔥 —— ½根
大蒜、薑 —— 各½瓣
味噌 —— 3大匙

作法
1　獅子唐辛子切去蒂頭和籽囊，和青蔥一起切成粗末。大蒜和薑切細末。將所有食材和味噌一起拌勻。

memo 放入容器中，冷藏約可保存4天。配飯或豆腐，或是用新鮮小黃瓜、紅蘿蔔、白蘿蔔等沾著吃。也能直接當成下酒菜。放久之後蔬菜會出水，質地變得較稀，吃之前記得先拌勻。

紫蘇卷

材料（4～5人份）
綠紫蘇 —— 20片
核桃 —— 1把（30克）
A ｛ 味噌、砂糖 —— 各3大匙
　　 酒（煮過酒精已揮發）—— 1大匙
沙拉油 —— 1½小匙

作法
1　核桃放入平底鍋乾炒至變脆，以研鉢磨成粗粒，和A混合拌勻。
2　綠紫蘇分別攤開，等份1擺在紫蘇上捲起，以牙籤3卷一串串起。
3　平底鍋加熱沙拉油，放入2，以小火煎到綠紫蘇散發香氣。

memo　放涼後裝進容器冷藏約可保存1星期。我喜歡較甜的口味，會多放一點砂糖。可當茶點或配飯。

紫蘇泡菜

材料（2～3人份）
綠紫蘇 —— 10片
A ｛ 醬油 —— 1大匙
　　 豆瓣醬 —— ⅓小匙

作法
1　將A放入容器中混合調勻，綠紫蘇一片一片放入，均勻裹上醃醬，醃漬約1小時。

memo　冷藏約可保存1星期。吃法就像海苔一樣擺在白飯上，將白飯包著吃。沒有食欲的時候，有了這道小菜就很下飯。我還會用來包飯糰，和切好的小黃瓜、竹輪以及魚板一起吃。或是把紫蘇切碎，當成煮麵線時的香辛料使用。

第4章

蛋

跟前一本《常備菜》一樣，在這本書的食譜拍攝過程中，

我同樣為剝水煮蛋殼吃盡了苦頭。

無論是先敲出裂痕，或是水滾了再放入蛋，試過各種方法，

還是找不到絕對會成功的作法。

成功率比較高的方法是，

煮之前先在蛋比較鈍的一端（有氣室的地方），

以不敲破蛋殼的力道敲出幾個小洞。

我一直很想成功剝出光滑的水煮蛋，

只要可以剝出漂亮、光滑的水煮蛋，就會不禁小小雀躍。

只有我會這樣嗎？

如果蛋剝得不好看，

建議可以拿來和美乃滋做成塔塔醬式的小菜。

只要有常備菜……

≫

（　　　**女兒的便當**　　　）

煎蛋皮（91頁）切絲，

和雞肉鬆（10頁）一起鋪在白飯上，做成雙色便當。

配菜則是炒蓮藕（62頁）和鹽麴蒸青菜（71頁），

再搭配一顆鹹梅乾。

醬漬蛋

材料（方便製作的份量）

蛋 —— 8顆

A ┤ 獅子唐辛子 —— 2～3根
　　醬油 —— 2大匙
　　醋 —— 1大匙
　　豆瓣醬 —— 1小匙

作法

1　獅子唐辛子切除蒂頭和籽囊，切成粗末，和A的其他材料一起放入容器中混合調勻。

2　蛋依照喜好的口感煮成水煮蛋，撈起放涼，剝去蛋殼，放入1中，冷藏醃漬2～3小時，偶爾翻面。

memo　冷藏約可保存3天。水煮蛋的口感依照個人喜好，半熟蛋從冷水開始煮約10～12分鐘，喜歡硬一點的，沸騰後再煮約10分鐘。煮好撈起放涼後再剝殼。我家冰箱經常會有用剩的獅子唐辛子，有一次我將它當成香辛料用來拌麵線，意外地大受歡迎。說好聽一點，就是愛上了獅子唐辛子特有的味道。各位也可以把獅子唐辛子當成香辛料來做各種嘗試。

咖哩鵪鶉蛋

材料（方便製作的份量）
鵪鶉蛋 —— 12顆
A ┌ 咖哩粉 —— 2小匙
  │ 醋 —— 1小匙
  ┤ 醬油 —— ½小匙
  │ 鹽 —— ⅓小匙
  └ 水 —— ½杯

作法
1　將A放入鍋中煮沸，放涼後倒入容器中。
2　鵪鶉蛋以滾水汆燙約5分鐘，撈起放涼後剝去蛋殼，放入1中，冷藏醃漬約1小時。

memo

冷藏約可保存3天。作為填塞便當空間的小菜，配色上也很漂亮，家人都很喜歡。醃醬中含有水，所以雖然麻煩一點，但務必煮過沸騰再拿來使用。當成下酒菜時，我會另外再搭配小黃瓜和紅蘿蔔做成的蔬菜泡菜，以牙籤串起後再盛盤。

塔塔醬風味水煮蛋

材料（4 ～ 5 人份）

蛋 —— 5 顆

A ⎰ 美乃滋 —— 3 大匙
　⎱ 醃黃瓜、甜醋醃蕗蕎、
　　巴西利（全切成細末）
　　　—— 各 2 大匙

鹽 —— 少許

作法

1　蛋依照喜好的口感煮成水煮蛋，撈起放涼後剝去蛋殼，切成較大的 8 等份。

2　大碗中放入 1 和 A 拌勻，以鹽調味。

memo

放入容器中冷藏約可保存 2 天。可以抹在清燙馬鈴薯上，或是搭配麵包吃，也能作為通心麵沙拉或馬鈴薯沙拉的配料。快吃完時可以加入罐頭鮪魚增加份量，做成三明治。這道菜拍好，我先生就把它配著竹輪吃光了。

煎蛋皮

材料（8片份量）
蛋 —— 4顆
砂糖 —— 1小匙
鹽 —— 2小撮
沙拉油 —— 少許

※譯註：以蛋皮包裹什錦
壽司飯，即成茶斤壽司。

作法
1　將蛋打入大碗中，加入砂糖和鹽打勻。
2　平底鍋（直徑18～20公分）加熱後，放入沙拉油潤鍋，倒入⅛份量的1，使蛋液均勻分散在鍋面上。煎至邊緣翹起後立刻翻面，再稍微煎一下即起鍋，攤開在網子上放涼。以同樣作法共煎成8片蛋皮。

memo　放涼後兩片相疊輕輕捲起，以保鮮膜包好放入夾鏈袋中，冷藏約可保存3天。可切成蛋絲擺在便當或蓋飯、沙拉上。我也會用來包捲燙好的蔬菜（照片中包的是菠菜），或是包在海苔壽司裡。煎大片一點也能用來包飯糰或壽司飯，做成茶巾壽司※，再淋上番茄醬就成了蛋包飯。

第5章

乾貨

這一章要介紹從基礎食譜中延伸出來、用乾貨做變化的料理。
洋栖菜和乾蘿蔔絲不只適合日式調味，
也能做成西式或異國料理，味道變化相當多元。
乾貨只要一開封，就要一口氣用完，不要剩下。
一半用油炒，一半做成沙拉或涼拌，
如此一來就不會有開封沒用完的情況，
而且味道上也有變化，不擔心會吃膩。
趁著乾貨泡水的期間，
先想好要做成什麼口味，和哪些蔬菜搭配一起料理，
等泡發之後一鼓作氣完成就好了。

只要有常備菜……

≫

(　　　午餐　　　)

涼拌什錦羊栖菜（95頁）、
紅燒豬肉昆布卷（100頁）、
清煮培根蘿蔔絲（96頁）
以及只用鹽調味的飯糰一起擺盤成一碟午餐。
再配上咖哩鵪鶉蛋（89頁），
以及日式泡菜（75頁）。

梅乾油炒羊栖菜

材料（4～5人份）
羊栖菜（乾燥）── 30克
鹹梅乾 ── 2顆
沙拉油 ── 1 ½大匙

作法
1　羊栖菜稍微沖洗後，泡在大量水中約20～30分鐘，泡發後將較長的部分切成適當長度。梅乾去籽後切碎，籽留下備用。
2　鍋子裡放入1和沙拉油，以中火拌炒至羊栖菜變軟即完成。

memo　放涼後放入容器中，冷藏約可保存5天。有些羊栖菜本身就有鹹度，調味前務必先試味道。梅乾挑選鹹度和酸度比較重的來使用。根據梅乾的鹹度不同，最後可加少許醬油調味。梅乾籽也會釋放味道，可以一起拌炒，保存時也一起放進容器中。

涼拌什錦羊栖菜

材料（4～5人份）
羊栖菜（乾燥）── 25克
A ｜ 高湯 ── ¼杯
　　 酒 ── 2小匙
　　 薄口醬油 ── 1小匙
雞絞肉 ── 100克
蒟蒻 ── ½片
紅蘿蔔 ── ½根
四季豆 ── 5～6根
B ｜ 白芝麻粉 ── 2大匙
　　 醬油、芝麻油 ── 各1大匙
　　 醋、砂糖 ── 各1小匙

作法
1　羊栖菜稍微沖洗後，泡在大量水中約20～30分鐘，泡發後將較長的部分切成適當長度。將羊栖菜和A一起放入鍋中拌炒到收汁。取另一個鍋子，放入雞絞肉和酒2小匙、鹽¼小匙（份量外），中火拌炒成雞肉鬆。

2　蒟蒻切成2公分長條狀，稍微汆燙後乾煎，加入薄口醬油½小匙（份量外）調味。紅蘿蔔切成3公分細絲，汆燙好備用。四季豆汆燙後從中間筋絲的地方剖開，再斜切成三等份。

3　將1和2放入大碗中，倒入調好的B混合拌勻。

memo　放涼後放入容器中，冷藏約可保存3天。羊栖菜不只能做成重口味的料理，加點清燙的蔬菜，拌上酸酸甜甜的醬汁，就是一道沙拉風味的小菜。除了羊栖菜之外，也可以用乾蘿蔔絲來做。

清煮培根蘿蔔絲

材料（4～5人份）
乾蘿蔔絲（乾燥） —— 80克
培根 —— 5片
鹽 —— 1小匙
沙拉油 —— 1½大匙

作法
1　乾蘿蔔絲放在流動的清水下，以搓揉的方式清洗乾淨，泡在大量水中約10分鐘。泡發後輕輕擰乾水分，切成適當長度。培根切成2公分寬。
2　鍋子裡放入1和沙拉油，以中火拌炒。培根炒熟後，加入水1½杯，轉中小火煮約15分鐘，最後以鹽調味，再煮到收汁即完成。

memo

放涼後放入容器中，冷藏約可保存4天。乾蘿蔔依據不同品牌，泡發的方法也不一樣，請依包裝指示進行。擰乾水分時力道要輕，最好是擰到水不會滴、蘿蔔絲還含有少許水分的狀態。鹽的份量依據培根鹹度自行調整。喜歡酸口味的我，通常這道菜會一半直接吃，另一半拌入白酒醋和少許砂糖，當成沙拉品嘗。因為如果全部做成酸的口味，可是會惹來家人的抗議的。各位要是喜歡吃酸，也可以這麼做。

異國風味蘿蔔絲沙拉

材料（4 ～ 5 人份）

乾蘿蔔絲（乾燥）—— 80 克

紅蘿蔔 —— 1 根

奶油調味花生（切碎）—— 3 大匙

A ┌ 壽司醋（45頁）—— 4 大匙

  │ 芝麻油 —— 1 大匙

  │ 魚露 —— 1 ～ 2 小匙

  │ 檸檬汁 —— 1 小匙

  └ 黑胡椒粗粒 —— 少許

作法

1 乾蘿蔔絲放在流動的清水下，以搓揉的方式清洗乾淨，泡在大量水中約 10 分鐘。泡發後輕輕擰乾水分，切成適當長度。紅蘿蔔削皮，切成 4 ～ 5 公分細絲，撒上 ½ 小匙鹽（份量外）靜置出水，擰乾水分。

2 將 A 放入大碗中混合調勻，再將 1 和花生放入拌勻，靜置約 30 分鐘等待入味。

memo

放入容器中，冷藏約可保存 3 天。依照喜好添加紫洋蔥或香菜，馬上就多了異國風味的香氣。花生可以換成核桃，也可以什麼都不加。魚露是用魚做成的醬料，超市都買得到小瓶裝，或者可以日本傳統魚露醬油代替。由於魚露的原料是魚，所以也有高湯的效果，使用上不必刻意做成異國風味，當成一般醬油使用就好。

冬粉美乃滋沙拉

材料（4～5人份）
冬粉（乾燥）── 100克
蝦仁 ── 20隻（100克）
紫洋蔥（或一般洋蔥／切成薄片）
　── 1/2顆
紅蘿蔔（切成細絲）── 1/3根
獅子唐辛子（切成細絲）── 4根
萬能蔥（切成1公分蔥末）── 4根
A ┌ 美乃滋、壽司醋（45頁）
　│　　── 各4大匙
　└ 鹽 ── 1/4小匙

作法

1　蝦仁去除腸泥，撒上2小撮鹽（份量外）輕輕抓揉後，以流動的清水沖洗。放入滾水中稍微汆燙，撈起擦乾水分。紅蘿蔔撒上少許鹽（份量外），靜置出水後擰乾水分。

2　冬粉泡在滾水中1～2分鐘，泡發後瀝乾水分，剪成適當長度。

3　大碗中放入所有蔬菜和燙好的冬粉，輕輕拌勻。稍微放涼後，加入蝦仁、調好的A輕拌，靜置約15分鐘後再一次拌勻。

memo　放涼後放入容器中，冷藏約可保存3天。將冬粉放在網篩上或大碗中，再以廚房剪刀剪短，就不用擔心會四處散落，非常方便。稍微拌過美乃滋後靜置一段時間，讓美乃滋的油份溶解、吸進食材裡之後，拌起來會比較入味。蝦仁可改用火腿或竹輪，蔬菜也能用手邊現有的喜愛種類來替代。水分較多的蔬菜記得先撒鹽靜待出水，擰乾後再使用。

韓式雜菜冬粉

材料（4～5人份）

冬粉（乾燥）── 100克

A
　牛肉片 ── 120克
　酒 ── 1大匙
　醬油 ── 2小匙
　大蒜（磨成泥）── 1瓣

洋蔥（橫切成0.5公分寬）── ½顆

青椒（切成細絲）── 1顆

乾香菇（泡發）── 2朵

木耳（乾燥／泡發）── 朵

B
　醬油 ── 1½大匙
　蠔油 ── 1大匙
　砂糖 ── 2小匙

作法

1　冬粉泡在溫水中約10分鐘，泡發變透明後撈起放涼，瀝乾水分，切成適當長度。A混合調勻，靜置約10分鐘。

2　乾香菇去蒂，切成薄片。木耳切除根部，切成細絲。

3　平底鍋乾鍋熱鍋後，放入A以中火拌炒。待肉炒散後，加入洋蔥、青椒和2，炒至洋蔥變軟，再加入冬粉炒勻。接著加入B炒至收汁，最後撒上2小匙炒過的白芝麻（份量外）。

memo　放涼後放入容器中，冷藏約可保存3天。這道菜的重點是肉要先醃過，食材選用含水量少的喜愛蔬菜，另外整體調味也要夠重才行。乾香菇和水一起放入瓶中冷藏一晚，就能泡發得很飽滿。也可以改用其他菇類。

紅燒豬肉昆布卷

材料（4～5人份／10個）
昆布
—— 18×10公分3～4片
水 —— 2½杯
豬肉薄片（肩胛肉或肉片）
—— 250克
醋 —— 1小匙
醬油 —— 2大匙
砂糖 —— 1½大匙
鹽 —— 少許

作法

1　昆布泡水一晚，泡發後瀝乾水分，切除兩端成寬6公分、長12公分的長片，共10片。

2　豬肉分成10等份，分別擺在昆布上捲包起來，用牙籤固定。共做成10個昆布卷。

3　將昆布捲整齊排放在鍋中，蓋上先前切除的昆布，倒入泡昆布的水一起加熱。沸騰後撈除浮泡，蓋上鍋蓋，以小火煮30分鐘。時間到再加入醋，用烘焙紙（參照右頁）直接覆蓋在食材表面，煮約15分鐘。接著加入砂糖和一半的醬油，煮10分鐘後加入剩餘醬油，並以鹽調味，繼續煮約5分鐘後熄火，直接靜置一晚等待入味。

memo

保留牙籤不取出，連同煮汁一起放入容器中，冷藏約可保存5天。靜置一晚更入味，非常好吃。昆布如果是寬的，切法就如同右邊照片；若是細長形，就改用縱切的方式。

昆布絲煮芋頭

材料（5～6人份）
昆布絲（乾燥）—— 15克
芋頭 —— 大的12顆（800克）
高湯 —— 2 ½ 杯
A {
　鹽 —— 1小匙
　薄口醬油 —— ⅓小匙
}

作法
1　芋頭削去外皮，切對半，以紙巾擦去表面黏液。
2　鍋子裡先放入1，上面再放昆布絲，倒入高湯以中火加熱。沸騰後轉中小火，用烘焙紙（剪成圓形，中間剪開一個小洞）直接覆蓋在食材表面，煮約15分鐘，直到芋頭變軟、可以竹籤刺穿。加入A再煮約5分鐘，熄火直接放涼靜待入味。

memo　連同煮汁一起放入容器中，冷藏約可保存3天。芋頭盡量切成相同大小。昆布絲現在在超市等地方都能輕易買到，倘若買不到，就將昆布剪成細絲來做。剪昆布時多少都會斷掉，所以不用刻意剪得太長，短一點也無所謂，盡量剪細一點就好，煮起來視覺上會比較好看。

第6章

〔豆類‧豆製品等〕

水煮黃豆或甜白豆
雖然做起來很花時間，
但材料和步驟都很簡單，
只要留意隨時添加水量就好。
所以我通常都是守在鍋子旁看書或打電腦，
邊做事邊等豆子煮好。
蒟蒻味道單調，很難作為料理的主角，
但先煎過再煮，或是解凍後去除水分再拿來料理，
就能充分入味，
成為下飯的常備菜。

只要有常備菜……
≫

（　　　下酒菜　　　）

以蔥花醬油拌水煮黃豆（109頁）、
醬炒凍蒟蒻（113頁）、
油封沙丁魚（37頁），
配著加了冰塊的燒酎一起享用。

炒豆腐

材料（4～5人份）
木棉豆腐 —— 1塊（300克）
紅蘿蔔（切成細絲）—— ¼根
牛蒡（切成3公分細絲）—— 10公分
新鮮香菇（切成薄片）—— 1～2朵
四季豆 —— 6根
青蔥（切成細末）—— 10公分
蛋 —— 2顆
A ｜ 高湯 —— 2大匙
　｜ 砂糖 —— 2小匙
　｜ 鹽 —— ½小匙
　｜ 醬油 —— 少許
芝麻油 —— 1大匙

作法
1　用手將豆腐剝成4～5等份，以滾水汆燙約4～5分鐘後撈起，放在紙巾上瀝水約10分鐘，再以紙巾包起來擰乾水分。
2　牛蒡泡水約5分鐘。四季豆以滾水汆燙後切成斜薄片。
3　鍋子加熱芝麻油，以中火依序拌炒紅蘿蔔、牛蒡、香菇。待食材炒軟後，加入1稍微拌炒，再加入A一起炒勻。淋上打好的蛋液，等蛋液煮熟後，再加入四季豆和青蔥稍微炒勻即完成。

memo　放涼後放入容器中，冷藏約可保存3天。美味祕訣是將豆腐完全擰乾，蔬菜也要選用水分較少的。最後的蛋液可依喜好決定是否加入，加了蛋看起來會比較豐盛。

豆腐沾醬

材料（4～5人份）
昆布絲（乾燥）── 15克
豆腐（木棉豆腐或嫩豆腐皆可）
　　── 1塊（300克）
奶油乳酪 ── 100克
鹽 ── ½小匙

作法
1　奶油乳酪退冰至室溫。豆腐用手
剝成4～5等份，以滾水汆燙4～5
分鐘後撈起，瀝乾水分。
2　待豆腐稍微放涼後，和奶油乳酪
一起放入食物調理機中攪拌至滑順，
再加鹽調味。

memo　放入容器中，冷藏約可保存3天。吃之前先撒上大量黑
胡椒粗粒，以清燙蘆筍等蔬菜或棍子麵包沾著吃。拍攝
食譜時工作人員表示，比起剛做好的，放了一天之後乳
酪的味道會更濃郁。可搭配麵包、蘇打餅，或甜豆、四
季豆、青花菜、南瓜、番薯、青菜等清燙蔬菜一起品嘗。

滷炸豆腐

材料（4～5人份）

凍豆腐（乾燥）── 5塊（85克）

A ┌ 高湯 ── 2½杯
  │ 薄口醬油 ── 2大匙
  │ 砂糖、味醂 ── 各1大匙
  └ 鹽 ── ¼小匙

太白粉、炸油 ── 各適量

作法

1　凍豆腐以溫水浸泡約30分鐘，用手輕輕將水分按壓出來，再加入溫水浸泡約15分鐘，以兩手按壓的方式將水分確實擠乾，切對半。

2　將A放入鍋中煮沸備用。

3　將1裹上太白粉，放入中溫（攝氏170度）炸油中炸酥，起鍋後立即放入2的煮汁中。待所有豆腐都炸好放入之後，加熱約5分鐘，熄火直接放涼靜待入味。

memo

連同煮汁放入容器中，冷藏約可保存3天。炸豆腐之前先將煮汁煮好備用，炸好豆腐就立刻放入煮汁中。搭配薑泥一起品嘗。凍豆腐視解凍後的大小切成適當塊狀，照片中的凍豆腐解凍後比較大塊，所以切對半。豆腐炸過再煮更能吸飽醬汁的美味，所以我們全家都很喜歡這道料理。

油豆腐滷乾香菇

材料（2～3人份）
油豆腐 —— 1塊（200克）
乾香菇 —— 4朵
A ｛ 高湯 —— 1杯
　　醬油、砂糖 —— 各2大匙

作法
1　乾香菇泡水1½杯，放置一晚泡發。切除香菇蒂後，切成1公分寬。油豆腐切成8等份的三角形。
2　鍋子裡放入1、A以及泡香菇的水，以中火加熱，沸騰後轉中小火，用烘焙紙（剪成圓形，中間剪開一個小洞）直接覆蓋在食材表面，煮約20分鐘後，熄火後直接放涼靜待入味。

memo　放入容器中，冷藏約可保存4天。油豆腐會吸滿乾香菇的鮮甜。乾香菇必須經過一晚慢慢泡開。將乾香菇和2杯水一起放入瓶中，蓋上瓶蓋，這麼一來香菇就不會浮出水面，可以完全泡開。泡香菇也有快速的方法，但還是花時間慢慢泡開更能釋放香菇的鮮甜。

水煮黃豆

材料（方便製作的份量）
黃豆（乾燥）—— 300 克

（a）

（b）

作法

1　黃豆洗淨，和 3 ～ 4 倍的水一起放入大鍋中浸泡一晚（a）。

2　連同泡黃豆的水一起以中火加熱，沸騰後轉中小火，邊煮邊仔細撈除浮泡（b），煮約 1 小時，隨時加水，保持水量完全蓋過黃豆。煮到黃豆用手輕壓就碎即可熄火。

memo

放涼後連同煮水一起放入容器中，冷藏約可保存 3 天。若想保存久一點，可以加點調味，或是分成小包冷凍保存。泡發豆子時，冬天可直接放置室溫下，夏天由於水溫較高，為了避免發酵，記得放冷藏。可以和薑泥、醬油拌著吃，或淋上鹽、胡椒和橄欖油，或是放入沙拉或湯裡一起品嘗。這也是滷羊栖菜時不可或缺的配料。還能以食物調理機攪拌成泥，做成濃縮濃湯或抹醬。也能將黃豆稍微壓碎，放入味噌湯裡一起煮。

蔥花醬油拌水煮黃豆

材料與作法（2人份）
①　取適量溫熱的水煮黃豆，瀝乾水分，擺在器皿上。放上適量的細蔥末，淋上少許醬油。這是水煮黃豆剛煮好時的美味品嘗方法。

醬滷水煮黃豆

材料與作法（2人份）
①　鍋子裡放入瀝乾水分的水煮黃豆1杯、醬油1½大匙，倒入約蓋過黃豆的水，以小火煮到水分收乾剩一半即可。

甜白豆

材料（容易製作的份量）
白豆（乾燥）—— 300克
砂糖 —— 200克
薑 —— 薄片6片

作法

1　白豆洗淨，和3～4倍的水一起放入大鍋中浸泡一晚。

2　連同泡白豆的水一起以中火加熱，沸騰後加入1杯水繼續加熱，再次沸騰後將水分倒掉。重新加入大量的水，以中火加熱，沸騰後轉中小火繼續煮40～50分鐘。

3　煮到白豆可用手輕輕壓碎時，倒掉一些水分，讓白豆稍微露出水面，加入一半份量的砂糖，以小火煮約5分鐘，再加入剩餘砂糖，繼續煮約5分鐘。最後加入薑片，直接放涼靜待入味。

memo

連同煮汁一起放入容器中，冷藏約可保存5天。加了薑片可以讓甜度更清爽。砂糖的份量可依喜好的甜度自行調整，但加太少會不利保存，這一點要特別留意。放一點在便當中，可以當作小菜或飯後點心，非常方便。

鷹嘴豆泥

材料（4 ～ 5 人份）
鷹嘴豆（罐頭）—— 1 罐（400 克）
橄欖油 —— 2 ～ 3 大匙
大蒜（磨成泥）—— 少許
鹽 —— 適量

作法
1　鷹嘴豆瀝乾水分，和橄欖油、大蒜一起放入食物調理機中攪拌至滑順泥狀，再以鹽調味。

memo

放入容器中，冷藏約可保存 3 ～ 4 天。抹在麵包或蘇打餅上一起吃，或是配飯吃也意外地非常適合。在烤得金黃的棍子麵包上抹上大量鷹嘴豆泥，撒點切碎的巴西利，就是一道漂亮吸睛的下酒菜。也可依喜好拌點小茴香（孜然）等香辛料，或是白芝麻醬、花生醬和檸檬，會更接近中東料理中鷹嘴豆泥的風味。有些品牌的鷹嘴豆罐頭本身已經有鹹味了，調味前記得一定要先試味道。

鮪魚滷蒟蒻

材料（2～3人份）
蒟蒻 —— 1片（300克）
鮪魚罐頭 —— 2小罐（140克）
A ｛ 高湯 —— 4大匙
醬油、砂糖 —— 各2大匙

作法
1 蒟蒻以滾水汆燙約5分鐘，撈起瀝乾放涼後，用大湯匙切成一口大小。
2 鍋子裡放入1以中火乾煎，待鍋中不再傳出滋滋聲、蒟蒻變乾之後，熄火稍微靜置。
3 將鮪魚（連同罐頭裡的湯汁）和A加入鍋中，以中小火煮到收汁，熄火直接放涼靜待入味。

memo
放入容器中，冷藏約可保存3～4天。我們家都很喜歡吃鮪魚，所以份量放得比較多，各位可自行調整份量，只用一罐來煮也會很入味。用水煮鮪魚罐頭來做口味比較清爽，油漬罐頭則味道比較濃郁。用來配飯或帶便當，一片蒟蒻做起來的份量，通常沒一會兒就吃光了。

醬炒凍蒟蒻

材料（2 ～ 3 人份）

蒟蒻 —— 1 片（300 克）

A ┤ 薄口醬油 —— 2 小匙
　 └ 酒 —— 1 大匙

芝麻油 —— 1 大匙

七味辣椒粉 —— 少許

作法

1　蒟蒻連同包裝袋冷凍約 2 天，直到完全結凍。

2　取出蒟蒻放置室溫下解凍，回溫至可用刀子切開為止。將蒟蒻切成一半的厚度，再從兩端切薄片。放入滾水中稍微汆燙去除鹼味，撈起散開瀝乾水分。

3　鍋子裡加熱芝麻油，放入 2 以中火拌炒，待所有蒟蒻都裹上油之後，加入 A 炒到收汁便熄火。撒上七味辣椒粉，放涼等待入味。

memo

放入容器中，冷藏約可保存 4 ～ 5 天。蒟蒻冷凍後（如右方照片）裡頭的水分會結凍，經過解凍後水分就會流出。這時候的蒟蒻無論摸起來或用刀切，感覺都不再像是蒟蒻，但吃起來卻會讓人著迷。口感帶點顆粒感、有嚼勁，所以要切薄片來料理。

甜食

糖煮橘子

材料（容易製作的份量）
橘子 —— 6顆
A $\left\{\begin{array}{l}\text{水 —— } 1\frac{1}{2}杯 \\ \text{砂糖 —— } \frac{3}{4}杯\end{array}\right.$

作法
1　橘子以刀子剝去外皮和薄膜。
2　將橘子和A放入鍋中加熱，沸騰後轉小火，繼續煮10～15分鐘。熄火後直接放涼靜待入味。

memo

連同糖水一起放入容器中，冷藏約可保存1星期。砂糖的份量請依橘子甜度自行調整。這是我參考小時候吃的橘子罐頭做出來的一道甜點。把橘子撥成一瓣一瓣的太麻煩了，所以我直接用刀子剝去整顆橘子的外皮和薄膜。當便當裡缺少甜點時，這道糖煮橘子就能幫上大忙。

芒果優格

材料（容易製作的份量）
芒果乾——360克
原味優格——3½杯

作法
1　將芒果放入容器中，加入約蓋過芒果的優格，冷藏一晚使芒果恢復軟嫩口感。

memo　冷藏約可保存1星期。也能加入梅子、草莓、柿子乾等喜愛的果乾。果乾會吸收優格的水分而變軟，優格則會像水切優格一樣變成霜狀。果乾愈硬，泡漬後的軟嫩口感更是令人驚喜。

蜜漬堅果

材料（容易製作的份量）
綜合堅果（杏仁、核桃、腰果等）
　　——70克
果乾（梅子、草莓、杏桃等）——30克
蜂蜜——約½杯

作法
1　將綜合堅果和切成適當大小的果乾放入容器中，加入約蓋過食材的蜂蜜，泡漬一晚。

memo　室溫約可保存1個月。可以抹在烤過的吐司或棍子麵包上作為早餐，或是當成零食、下酒菜。我也喜歡拿來和奶油乳酪一起拌著吃，搭配冰淇淋也很適合。

黃豆粉葛餅

葛餅

材料（容易製作的份量）
葛粉 —— 30克
黑糖（粉狀）—— 1大匙
水 —— 120毫升

作法
1　所有材料放入鍋中，以木匙攪拌至粉類完全溶解後，開中火煮約10分鐘，邊煮邊不停攪拌，直到變黏、變透明為止。
2　稍微放涼後放入容器中，以保鮮膜直接緊密覆蓋在葛餅上，放涼。

memo

冷藏約可保存2天。煮的過程中必須不停以木匙攪拌，避免燒焦。黑糖可改用紅糖或白砂糖。吃的時候用湯匙挖成適當大小，撒上黃豆粉和黑糖蜜一起品嘗。

麻糬紅豆湯

紅豆泥

材料（容易製作的份量）
紅豆 —— 300克
砂糖 —— 200克
鹽 —— 2小撮

※譯註：用紅豆泥裹住麻糬或糯米飯，
類似紅豆沙飯糰的日式傳統點心。

作法
1　紅豆洗淨，和3～4倍的水一起放入鍋中以中大火加熱。沸騰後加入1杯水繼續加熱，再次沸騰後倒掉煮汁。重新加入約蓋過紅豆的水，以中大火加熱，再重複一次以上步驟。
2　倒掉第二次的煮汁後，重新加入約蓋過紅豆的水加熱，沸騰後轉中小火煮約1小時，過程中隨時加水、保持水量蓋過紅豆。
3　等到紅豆可用手輕輕壓碎後，倒掉一些水量、讓紅豆稍微露出水面，加入一半份量的砂糖煮約5分鐘，再加入剩餘砂糖煮約5分鐘。加入鹽，煮至木匙劃開鍋底不會留下痕跡便可熄火，直接放涼靜待入味。

memo
放入容器中，以保鮮膜直接緊密覆蓋在紅豆泥上，冷藏約可保存3～4天。直接吃或和奶油一起夾入麵包中，做成奶油紅豆三明治。或加熱水稀釋，做成麻糬紅豆湯。或是和糯米一起做成萩餅※。只要配上小湯圓和寒天，總是一下子就被吃光。

第7章

醬汁・醬料

自製的醬汁和醬料，也是我家的常備菜之一。

只要有了這些，

就能變出一桌豐盛的各種料理。

將醬汁和醬料混合在一起也很美味，

當用到只剩一點點時，就是最好的嘗試時機。

各位不妨也相信自己的味覺，試著混合看看吧。

什錦辣油

材料（約 1½ 杯份量）
洋蔥（切成粗末）—— ½ 小顆
大蒜、薑（全切成細末）
—— 各 2 瓣
青蔥的蔥綠部分（切成粗末）
—— 1 根
紅辣椒（去籽，切成細末）
—— 10 ～ 20 根
沙拉油 —— 1 杯
鹽 —— ¼ 小匙

作法
1　將鹽以外的所有食材放入鍋中，以中小火加熱。沸騰後轉小火，繼續煮約 30 分鐘。最後加入鹽混合均勻後便可熄火，直接放涼。

中式拌麵

memo

放入瓶子中，冷藏約可保存 2 星期。也可加入切碎的榨菜或醃芥菜，或是加入花椒（67 頁）添增香氣。

材料與作法（1 人份）
①　中式生麵 1 球依照包裝標示煮熟，以冷水沖洗後瀝乾水分，加入 2 小撮鹽、½ 小匙魚露、2 小匙芝麻油，混合拌勻。
②　將拌好的麵盛盤，擺上 ¼ 根的小黃瓜絲，淋上 1 ～ 2 小匙的什錦辣油，撒上少許炒過的白芝麻。吃之前先拌勻。

番茄醬風味
番茄醬汁

材料（約2杯份量）

整顆番茄罐頭（壓碎）
—— 1罐（400克）

洋蔥、西芹（全切成細末）
—— 各3大匙

大蒜（切成細末）—— 1大瓣

鼠尾草（新鮮或乾燥皆可）
—— 2～3枝

月桂葉 —— 1片

A ｛ 砂糖 —— ¼杯
　　 鹽 —— 1½小匙

白酒醋（或一般的醋）—— 2大匙

橄欖油 —— 2大匙

作法

1　以中小火炒香橄欖油和大蒜，接著加入洋蔥和西芹拌炒。所有食材炒軟後加入番茄，以中小火煮約20～30分鐘，直到鍋中只剩⅔份量。

2　放入鼠尾草和月桂葉，續煮約10分鐘後再加入A略煮一下，最後加入白酒醋拌勻。

memo

放涼後放入瓶子中，冷藏約可保存2星期。當成雞蛋料理或煎肉時的醬汁使用。加了鼠尾草會使味道變得更像番茄醬。

荷包蛋和
乾煎馬鈴薯

材料與作法（1人份）

①　馬鈴薯1顆不削皮，放入水中一起加熱汆燙。燙至變軟後撈起，剝去外皮，切成1公分厚。

②　平底鍋加熱橄欖油1大匙，放入1以中小火煎至兩面金黃。趁著煎馬鈴薯的同時，在鍋子另一邊打入1顆蛋，煎成荷包蛋。將馬鈴薯和荷包蛋盛盤，淋上大量番茄醬風味的番茄醬汁。

優格醬

材料（約 1 ½ 杯份量）
原味優格 —— 1杯
大蒜（磨成泥）—— 1瓣
蒔蘿、義大利香菜（全切成細末）
　 —— 各2大匙
橄欖油 —— 2 ～ 3大匙
鹽 —— ½小匙
黑胡椒粗粒 —— 少許

作法
1　所有材料放入大碗中，以
打蛋器充分混合攪拌至乳化、
變成濃稠狀。

memo

放入瓶子中，冷藏約可保存1
星期。除了作為牛排淋醬之
外，也可拌在小黃瓜、西芹、
番茄等沙拉中調味。

煎羊小排

材料與作法（2人份）
①　取4根羊小排，切除油脂
後，撒上¼ ～ ⅓小匙鹽，以手
抓揉，使羊肉均勻入味。
②　將平底鍋（或烤盤）乾鍋加
熱，放入1以中大火煎至兩面
金黃，並隨時以紙巾擦去鍋中
釋出的多餘油脂。將煎好的羊
小排盛盤，淋上4大匙優格醬。

油蔥醬

材料（約¾杯份量）
青蔥、洋蔥（全切成細末）
—— 各3大匙
芝麻油 —— 4大匙
鹽 —— ½小匙
黑胡椒粗粒 —— 少許

作法
1　將所有材料放入大碗中，
以打蛋器充分混合攪拌至乳
化、變成濃稠狀。

memo

放入瓶子中，冷藏約可保存1星
期。除了搭配烤肉之外，也能用
來拌小黃瓜、番茄、清燙高麗菜
或韭菜、菠菜等，或是淋在水煮
蛋上一起吃。也可以當成炒飯、
拉麵或中式涼麵的調味。

韭菜醬油

材料（約1杯份量）
韭菜（切成細末）—— ½把
萬能蔥（切成細末）—— 6根
沙拉油 —— 4大匙
醬油 —— 3大匙
醋 —— 2大匙
砂糖 —— 1½大匙

作法
1　將所有材料放入大碗中，
以打蛋器充分混合攪拌至乳
化、變成濃稠狀。

memo

放入瓶子中，冷藏約可保存1星
期。作為涮肉或烤魚、清蒸雞肉
的淋醬。和油蔥醬及芝麻醬一起
混合拌勻也很美味。

| 芝麻醬 | 辣味噌醬 |

材料（約¾杯份量）
白芝麻醬、高湯 —— 各½杯
醬油 —— 2½大匙
砂糖 —— 1½大匙
醋 —— 1小匙

作法
1　將所有材料放入大碗中，以打蛋器充分混合攪拌至乳化、變成濃稠狀。

memo

放入瓶子中，冷藏約可保存1星期。沒加高湯可以保存1個月，可以要用的時候再加就好。除了涼拌芝麻料理、涮肉、水煮或清蒸雞肉之外，也能作為小黃瓜或番茄沙拉的淋醬，用途非常多。根據搭配的料理，可以加入綠紫蘇或青蔥、薑等香辛料。

材料（約1杯份量）
味噌 —— 5大匙
砂糖 —— 2大匙
豆瓣醬 —— 1～2小匙
青蔥（切成粗末）—— 3大匙
A｛ 大蒜、薑（全切成細末）
　　—— 各1瓣
　　沙拉油 —— ¼杯

作法
1　A放入鍋中以中小火加熱，待薑、蒜變軟後，加入豆瓣醬拌炒出香氣，再加入青蔥稍微拌炒。最後加入砂糖和味噌，將所有材料炒勻。

memo

放涼後放入瓶子中，冷藏約可保存2星期。可搭配煎肉、煎魚或火鍋料理。我先生喜歡用葉菜包著烤肉、沾著這道醬料一起吃。女兒則喜歡用小黃瓜沾著吃。

日式淋醬

西式淋醬

材料（約1杯份量）
青蔥、洋蔥（全切成細末）
　── 各3大匙
A ｛ 醋、醬油 ── 各¼杯
　　沙拉油 ── ½杯
　　砂糖 ── 1½大匙
綠紫蘇（切成1公分碎片）── 10片

作法
1　將A放入大碗中，以打蛋器充分混合攪拌至乳化、變成濃稠狀，最後加入綠紫蘇。

memo

放入瓶子中，冷藏約可保存1星期。海藻、高麗菜、小黃瓜、山藥切成絲，和番茄一起做成沙拉，最後再淋上這道淋醬。也能用來沾涮肉片，或是淋在煎魚上品嘗。使用前充分混合均勻。

材料（約¾杯份量）
A ｛ 白酒醋 ── 70毫升
　　橄欖油 ── ½杯
　　砂糖 ── 2小匙
　　法式芥末醬
　　　── ½～1小匙
　　鹽 ── ½小匙
　　胡椒 ── 少許
酸豆（切成細末）── 2大匙
巴西利（切成細末）── 1½大匙

作法
1　將A放入大碗中，以打蛋器充分混合攪拌至乳化、變成濃稠狀，最後加入酸豆和巴西利。

memo

放入瓶子中，冷藏約可保存1星期。可淋在馬鈴薯或青花菜等清燙蔬菜沙拉上，或是用來醃泡豆類或鮭魚、清燙蝦子等。

洋蔥薑味淋醬

酸橘醋醬油

材料（約 1 ½ 杯份量）
A ┌ 紫洋蔥（切成細末）── ½ 顆
  │ 薑（切成細末）── 1 大塊
  └ 醋、砂糖 ── 各 4 大匙
橄欖油 ── ½ 杯
鹽 ── ½ 小匙

作法
1　將 A 放入大碗中靜置約
15 分鐘，接著加入剩餘材
料，以打蛋器充分混合攪拌
至乳化、變成濃稠狀。

memo

放入瓶子中，冷藏約可保存 1 星
期。用一般洋蔥也可以，但用紫
洋蔥做會呈粉紅色，視覺上比較
漂亮，一定要試試看。我最喜歡
淋在山茼蒿沙拉上一起品嘗，搭
配新鮮或燙過的山茼蒿都適合。

材料（約 ¾ 杯份量）
醬油 ── ¼ 杯
酸橘汁、柚子汁 ── 共 4 大匙
高湯 ── 4 大匙

作法
1　將所有材料放入大碗中，
充分混合拌勻。

memo

放入瓶子中，冷藏約可保存 1 星
期。可加入油類拌勻，做成淋
醬。果汁如果太酸，以砂糖等自
行調整甜度。若是使用市售榨好
的果汁，最好另外再加一點現榨
果汁，香氣會比較濃郁。也可改
用有酸度的橘子、柳橙（苦橙）、
檸檬等。

常備菜注意事項

調味

我們家的常備菜通常都用來配飯或麵包，因此調味上會稍微重一點。調味重也有利於保存，但如果不需要特別保存比較久，我也會依照當時的心情來調整味道。有些常備菜會隨著靜置的時間變得更入味，或口感更溫潤，這時就需要借助冰箱保存來完成製作。

保存方法

常備菜一定要冷藏保存。以手邊現有、有蓋子的容器保存，例如空瓶、不銹鋼、玻璃、塑膠、琺瑯、鋁等材質。容器使用前必須清洗乾淨，擦乾水分並完全乾燥，任何水滴或髒汙都會導致食物腐敗。如果冰箱沒有空間擺放容器，也可善用保鮮膜或塑膠袋。或者像12頁介紹的「水煮雞翅」一樣，需要將肉和煮汁分別保存時，用夾鏈密封袋也很方便。另外，像是醃漬液等使用到醋的料理，請用耐酸的琺瑯或玻璃容器來保存。

保存時間

本書中建議的保存時間僅供參考，最好還是趁著新鮮美味時盡早吃完。若真要長時間保存，最好再重新加熱。重新加熱後的味道會比較重，除了直接吃以外，也可以搭配其他食材做變化來品嘗。

吃法

常備菜從冰箱取出後，可以直接盛盤品嘗，或是以小鍋子或小平底鍋將要吃的份量重新加熱、再煮一次。當然也可以用微波爐加熱。不過，從保存容器中取出時，最好用乾淨的筷子或湯匙，邊吃邊挾會造成食物腐敗，一定要留意避免。